Golam Guidkaya
Eric Duckler Kenmoe Fankem
Joseph Yves Effa

# Machine synchrone à aimants permanents spéciale

Golam Guidkaya
Eric Duckler Kenmoe Fankem
Joseph Yves Effa

# Machine synchrone à aimants permanents spéciale

Noor Publishing

**Imprint**
Any brand names and product names mentioned in this book are subject to trademark, brand or patent protection and are trademarks or registered trademarks of their respective holders. The use of brand names, product names, common names, trade names, product descriptions etc. even without a particular marking in this work is in no way to be construed to mean that such names may be regarded as unrestricted in respect of trademark and brand protection legislation and could thus be used by anyone.

Cover image: www.ingimage.com

Publisher:
Noor Publishing
is a trademark of
International Book Market Service Ltd., member of OmniScriptum Publishing Group
17 Meldrum Street, Beau Bassin 71504, Mauritius

Printed at: see last page
**ISBN: 978-620-2-35497-4**

# TABLE DES MATIERES

# LISTE DES ABREVIATIONS ET SYMBOLES

**AlNiCo** : Aluminium-Nickel-Cobalt

**BDCM**: Brushless Direct Current Motor

**CD**: Compact Disc

**CAO** : Conception Assistée par Ordinateur

**DVD** : Digital Versatil Disc

**FEM** : Force électromotrice

**FEMM** : Finite Element Method Magnetics

**MSAP** : Machine Synchrone à Aimants Permanents

**MEF** : Méthode des Eléments Finis

**NdFeB** : Néodyme-Fer-Bore

**PMSM** : Permanent Magnet Synchronous Motor

$A_e$: Potentiel magnétique dans une encoche

**A** : Potentiel vecteur

$B_r$: Induction magnétique rémanente

**B** : Induction magnétique

**Coef_aim** : Ratio ouverture d'aimant sur ouverture polaire

**Coef_p** : Ratio ouverture du plot sur angle sous un plot

$C_{dét}$: Couple de détente

$C_e$: Couple électromagnétique

**e** : Epaisseur de l'entrefer

$e_{ra}$: Force électromotrice par unité de vitesse

$e_a$: Force électromotrice de la phase a

$e_{aim}$: Epaisseur de l'aimant

$e_{cs}$ : Epaisseur de la culasse statorique

$F_t$: Force

$\mathbf{H_{ep}}$ **:** Hauteur de l'épanouissement polaire

$\mathbf{H_{Cj}}$: Champ coercitif intrinsèque

$\mathbf{H_c}$: Champ coercitif

**H** : Champ magnétique

$\mathbf{H_s}$: Champ magnétique de saturation

$\mathbf{h_{aim}}$: Hauteur de l'aimant

$\mathbf{h_d}$: Hauteur des dents

**J** : Densité de courant

$\mathbf{J_s}$: Polarisation magnétique à saturation

$\mathbf{K_1}$: Constante d'anisotropie magnétocristalline

$\mathbf{L_u}$: Longueur utile de la machine

$\mathbf{l_p}$: Largeur du plot

$\mathbf{M_{con}}$: Matrice de connexion des enroulements

$\mathbf{M_{flux}}$: Matrice des flux

$\mathbf{N_s}$: Nombre de spires par encoche

$\mathbf{N_a}$: Nombre d'aimants (ou nombre de pôle rotorique)

$\mathbf{N_{dr}}$: Nombre de dents au rotor

$\mathbf{N_p}$: Nombre de plots statorique

$\mathbf{N_{dps}}$: Nombre de dents par plots statorique

$\mathbf{N_s}$: Nombre de spires par encoche

$\mathbf{N_a}$: Nombre d'aimants (ou nombre de pôle rotorique)

$\mathbf{N_{dr}}$: Nombre de dents au rotor

$\mathbf{N_p}$: Nombre de plots statorique

$\mathbf{N_{dps}}$: Nombre de dents par plots statorique

**p :** Nombre de paires de pôles

$\mathbf{p_{dr}}$: Pas dentaire rotorique

$\mathbf{p_{ds}}$: Pas dentaire statorique

$\mathbf{R_a}$: Rayon de l'alésage statorique

$\mathbf{R_r}$: Rayon du rotor

$\mathbf{R_{ext}}$: Rayon extérieur de la machine

$\mathbf{R_i}$: Rayon intérieur de la machine

**S** : Surface d'une encoche

$\boldsymbol{\rho}$: Résistivité électrique

$\boldsymbol{\lambda_{100}}$: Constante de magnétisation

$\boldsymbol{\mu_r}$: Perméabilité relative

$\boldsymbol{\varphi}$: Flux embrassé par le bobinage

$\boldsymbol{\Psi_e}$: Flux par encoche

$\boldsymbol{\Psi_a}$: Flux de la phase a

$\boldsymbol{\Psi_b}$: Flux de la phase b

$\boldsymbol{\Psi_c}$: Flux de la phase c

$\boldsymbol{\theta_r}$: Angle de rotation mécanique

$\boldsymbol{\omega_r}$: Vitesse de rotation mécanique

$\mathbf{W_c}$: Co-énergie magnétique

$\boldsymbol{\Gamma_{arbre}}$: Couple sur l'arbre de la machine

$\boldsymbol{\Gamma_{charge}}$ : Couple de charge

$\boldsymbol{\tau_d}$: Ratio angle de la dent sur pas dentaire

$\boldsymbol{\alpha_{TC}}$ : Période du couple de détente pour une structure classique de machine

$\boldsymbol{\theta_{dét}}$: Période du couple de détente pour une structure de machine avec denture

# LISTE DES TABLEAUX

# LISTE DES FIGURES

# LISTE DES ANNEXES

# RESUME

La diversité des domaines d'application et la croissance quasi-exponentielle des demandes industrielles rendent nécessaires l'élaboration de nouvelles structures de machines synchrones à aimants permanents. Ce travail traite de la détermination d'une structure de machine synchrone à aimant permanent capable de générer un couple de détente élevé, en utilisant la méthode des éléments finis à travers le logiciel FEMM piloté par le logiciel Matlab. Il est montré dans ce travail qu'en réalisant une structure de machine synchrone à aimants permanents à rotor et à plots statoriques dentés, le couple de détente généré est important en amplitude par rapport à une structure classique de mêmes dimensions. Toutefois, la période et la forme de ce couple de détente peuvent être ajustées en respectant certaines conditions données sur le nombre de dents au rotor et au stator, le nombre de paires de pôles, le nombre de plots statoriques et enfin la largeur de la dent.

**Mots clés** : Machine synchrone à aimants permanents, Couple de détente, Méthode des éléments finis, application de positionnement.

# ABSTRACT

The diversity of the application domains and the quasi-exponential growth of the industrial demands make necessary the development of new structures of permanent magnets synchronous machines. This work is about the determination by finite elements analysis of an optimal structure of permanent magnets synchronous machine which can generated an elevated cogging torque, by using FEMM and Matlab software. It is shown in this work that while achieving a permanent magnet synchronous machine with rotor and toothed stator slots, the cogging torque generated is important in magnitude in relation to a classic structure of same measurements. However, the resolution this cogging torque can be adjusted while respecting some conditions given on the number of teeth to the rotor and to the stator, the number of pairs of poles, the number of stator slots and finally the width of tooth.

**Keywords** : Permanent magnets synchronous machine, Cogging torque, Finite elements method, positioning application.

# INTRODUCTION GENERALE

La réduction de la consommation d'énergie par les équipements d'entraînements électriques rend nécessaire l'élaboration de nouvelles structures de machines électriques adaptées à chaque domaine d'application. Ainsi, les systèmes d'entraînements plus compactes et à rendement élevé sont donc devenus très recherchés. Avec l'augmentation des performances des matériaux magnétiques durs intervenant dans la fabrication des aimants permanents, les machines conventionnelles sont de plus en plus remplacées par les machines synchrones à aimants permanents (MSAP) à structures spéciales. En effet, de telles structures, n'ayant aucun enroulement au rotor (donc moins de pertes cuivre) présentent un rendement élevé, un fort couple et un facteur de puissance élevé [1].

Les performances grandissantes de ces machines ne se font pas sans l'impact du développement de l'informatique qui a fourni des outils importants dans la résolution des problèmes complexes. En effet, les performances accrues des calculateurs tant au niveau des fréquences d'évolution que de l'augmentation quasi-exponentielle des tailles de mémoires et de stockage, permettent l'utilisation des modèles numériques de plus en plus sophistiqués traduisant la prise en compte d'un nombre croissant de phénomènes mis en jeu dans le fonctionnement des machines électriques ( [2], [3], [4], [5], [6], [7] ). Une des méthodes numériques les plus utilisées est la méthode des éléments finis basée sur l'utilisation des logiciels de calculs de champs tels que Flux 2D, Flux 3D, Finite Element Method Magnetics (FEMM), ..., en vue de la résolution des équations du champ électromagnétique provenant des équations de MAXWELL. Ces solutions permettent de déterminer les allures des paramètres intervenant dans le fonctionnement de la machine tels que l'induction magnétique, le flux, le couple électromagnétique, etc.

L'analyse du fonctionnement de la machine, du fait qu'elle soit tournante nécessite la prise en compte du mouvement lors de la simulation. Les différentes techniques de prise en compte du mouvement dans la modélisation électromagnétique des machines électriques requièrent un temps de calcul très onéreux [8]. L'une des méthodes classiques est la méthode de la bande de roulement. Elle consiste à créer une bande circulaire dans l'entrefer où seul le maillage est déformé.

L'analyse par la méthode des éléments finis de la MSAP a pour objectif majeur, la détermination des allures des paramètres nécessaires à la prédiction de son fonctionnement. Parmi ces paramètres majeurs se trouvent le couple électromagnétique qui est utile pour l'entraînement des charges par exemple.

Toutefois, le couple produit par la machine présente des ondulations qui sont indésirables dans la plupart des applications ( [9], [10], [11], [12], [13]). Parmi les facteurs contribuant aux ondulations du couple, se place avec une proportion non négligeable le couple de détente qui est défini dans la littérature comme le couple d'interaction entre le flux des aimants permanents et les parties saillantes du fer statorique ( [11], [12], [13]). Plusieurs recherches sont tournées vers la minimisation de ces ondulations en agissant soit sur les grandeurs géométriques ayant une influence sur l'allure des forces contre électromotrices induites dans la machine ( [9], [10], [11], [12], [13], [14], [15], [16] ) ou de jouer sur la commande du convertisseur afin de trouver les allures des tensions et des courants alimentant la machine de manière à avoir un couple « constant » [17].

Cependant, une machine ayant un couple de détente élevé peut supporter une certaine quantité de couple de charge en absence du courant dans les enroulements statoriques ( [18], [19]). Cette action du couple de détente peut avoir une importante application dans les systèmes de positionnement à l'instar des articulations de robots, des servomoteurs, des ascenseurs…, où, généralement, pour maintenir une position donnée par la machine électrique, l'on utilise le fonctionnement à rotor bloqué en appliquant aux bornes de la machine un système de tension adéquat. Ce fonctionnement fait appel à un grand courant et contribue à la détérioration de l'isolation électrique des bobinages ainsi qu'au vieillissement de la machine.

En effet, l'utilisation de ces machines dans certaines applications à l'instar de celle de positionnement les contraint à certaines exigences afin de maintenir une position donnée de leur rotor. Ainsi, dans la plupart des cas, la méthode utilisée consiste à appliquer un système de tensions adéquat aux enroulements de la machine afin de mémoriser une position donnée. Cette méthode, bien qu'efficace du fait que l'on puisse contrôler le système de tension à appliquer en fonction du couple de charge à tenir, présente quelques inconvénients : l'appel d'un courant d'intensité élevée contribuant à la détérioration des isolants recouvrant les conducteurs, la surconsommation d'énergie. Pour palier à ces insuffisances, il est important d'utiliser dans ces applications, des machines synchrones à aimants permanents à structures spéciales capables de tenir une certaine quantité de charge en l'absence de courant dans les enroulements statoriques, du fait de leur couple de détente élevé.

Le problème posé met en évidence l'importance du couple de détente dans une MSAP en l'absence des courants dans les enroulements statoriques. L'objectif principal de notre travail est de déterminer une structure géométrique de la MSAP favorisant la production du couple de détente dans le but d'économiser de l'énergie dans les applications de positionnement.

Spécifiquement, il s'agira pour nous de :

- Déterminer l'influence de la disposition des aimants au rotor sur le couple de détente dans une MSAP ;
- Déterminer l'influence des paramètres géométriques du rotor et du stator sur l'allure du couple de détente ;

Ainsi, notre recherche définit un intérêt sur le plan économique, car elle constituera un apport véritable dans le concept d'économie d'énergie prôné par les constructeurs des machines électriques, en utilisant la MSAP ayant un couple de détente élevé, dans les systèmes de positionnement de charge.

Notre travail se structure autour de quatre chapitres libellés ainsi qu'il suit :

Dans le premier chapitre, nous présentons les différents types d'aimants permanents et leurs caractéristiques, ainsi que les différentes structures de machines synchrones à aimants permanents.

Dans le deuxième chapitre, nous abordons la modélisation par éléments finis de la MSAP. Ici, un modèle à deux dimensions de la machine, basé sur les équations de Maxwell sera donné ; ensuite, nous ferons une présentation générale de la méthode des éléments finis, nous donnerons également les paramètres géométriques des différentes configurations classiques des MSAP à flux radial dans le but, de déterminer plus loin leurs influences sur le couple de détente.

Dans le troisième chapitre, nous présenterons quelques résultats issus des simulations des MSAP classiques via le logiciel FEMM, piloté par le logiciel Matlab ; les discussions sur ces allures seront faites dans le but de justifier notre choix sur une configuration donnée pour la production du couple de détente.

Le chapitre quatre fera l'objet de la présentation des résultats des simulations. Ceci se fera par la présentation des différentes courbes obtenues, lors des simulations de la configuration de MSAP retenue en vue de la production du couple de détente. Nous ferons également les discussions sur les courbes obtenues afin de retenir ceux des paramètres conduisant à une forme acceptable de couple de détente.

Nous terminerons enfin ce travail par une conclusion générale décrivant le travail de recherche effectué et les perspectives futures.

# CHAPITRE I: GENERALITES SUR LES MACHINES SYNCHRONES A AIMANTS PERMANENTS

## I.1. Introduction

Les machines synchrones à aimants permanents, qu'elles soient en mode moteur ou générateur sont devenues au fil du temps plus attractives avec l'avènement des aimants permanents de haute énergie et les progrès réalisés dans le domaine de l'électronique de puissance, car elles correspondent bien aux exigences des nouvelles technologies qui exigent la robustesse des équipements et le rendement élevé [20]. Le regain d'intérêt pour ces machines est dû en grande partie à leurs excellentes caractéristiques dynamiques, ainsi qu'à leur important couple massique qui les rendent mieux adaptées aux applications industrielles à entrainement électrique nécessitant des commandes en position ou en vitesse. Ce premier chapitre est consacré à la présentation des différents types de MSAP, ces dernières se diversifient selon la direction du flux ou selon le type d'alimentation. Un bref aperçu sur les aimants permanents est également donné.

## I.2. Constitution de la machine synchrone a aimants permanents

Les machines synchrones se composent d'un rotor, qui est la partie tournante, et d'un stator, la partie fixe. L'appellation machine synchrone est due au fait que le rotor et le champ magnétique tournant au stator, tournent à la même vitesse. Le stator est généralement constitué par les phases décalées de $2\pi/q$, $q$ étant le nombre de phases. Le rotor produit un champ magnétique dans l'entrefer avec des aimants permanents. Nous distinguons différents types de structures de MSAP selon la forme de leur rotor et classées en deux grands groupes : les machines à pôles lisses et les machines à pôles saillants. Par ailleurs, les structures de machines synchrones à aimants permanents varient selon les dispositions des aimants et des pièces polaires au rotor. Avant de donner les différents éléments constituants la machine, il nous convient d'abord de donner les propriétés des différents matériaux magnétiques utilisés.

### I.2.1. Choix des matériaux magnétiques

Afin de mieux comprendre le choix d'un matériau donné dans une structure de machine, nous allons présenter ici les caractéristiques des principaux matériaux magnétiques utilisés dans la fabrication des machines tournantes. Ces matériaux se classent en deux catégories [1] :

- Les matériaux magnétiques doux qui ne présentent des propriétés magnétiques qu'en présence d'une excitation extérieure ;
- Les matériaux magnétiques durs, qui sont des aimants permanents ayant une rémanence et une coercitivité.

L'association de ces deux matériaux permet la création d'un champ magnétique dans l'entrefer et dont la distribution est fonction de la structure adoptée pour la machine et des caractéristiques des matériaux ferromagnétiques utilisés. Ces derniers présentent un cycle d'hystérésis dépendant à la fois de leurs caractéristiques intrinsèques et de la forme de l'excitation magnétique à laquelle ils sont soumis. La **Figure I.1** présente un cycle d'hystérésis typique des matériaux durs, où $\mathbf{B_r}$ est l'induction rémanente, $\mathbf{H_c}$ est le champ coercitif. Cette caractéristique générale **B(H)** est aussi applicable aux matériaux doux. Néanmoins, les matériaux durs ont une rémanence et une coercitivité supérieure à celle des matériaux doux.

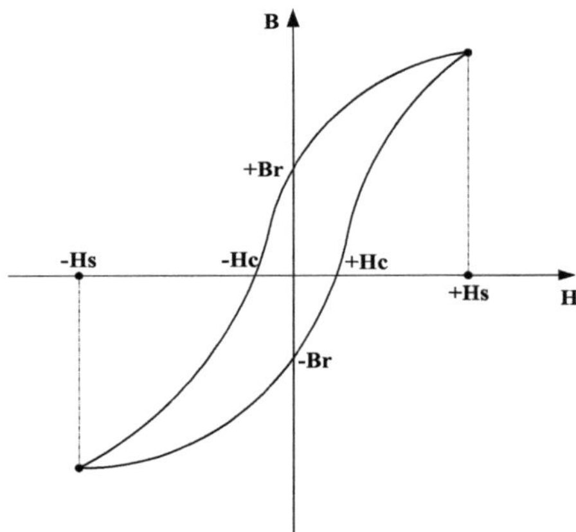


**Figure I.1 :** Cycle d'un matériau magnétique

#### I.2.1.1. Caractéristiques des matériaux doux

Utilisés pour la fabrication du circuit magnétique, ce matériau doit pouvoir acquérir une polarisation magnétique importante dans un champ d'excitation très réduit ; c'est dire qu'il doit posséder une très grande perméabilité magnétique. Il doit également limiter les pertes créées en son sein lors de son utilisation. C'est pourquoi son efficacité intrinsèque est évaluée selon deux paramètres principaux [1] : le niveau d'induction admissible et les pertes totales massiques. Le niveau d'induction admissible est limité par la polarisation magnétique à saturation ; cette grandeur doit être élevée car elle influence directement l'induction de travail, c'est-à-dire la puissance volumique de la machine. Quant aux pertes totales massiques, elles accompagnent inévitablement le passage du flux ; ce qui entraîne un échauffement de la machine. Pour réduire les pertes par courants induits générés par les vibrations du flux d'induction, l'utilisation des feuilles de tôles pour la construction de la machine s'avère nécessaire ; parallèlement, l'emploi des circuits magnétiques massifs est à proscrire.

Un matériau magnétique doux pour usage électrotechnique se caractérise par quatre constantes dépendant de l'alliage utilisé :

- la polarisation magnétique à saturation $\mathbf{J_s}$,
- la résistivité électrique $\boldsymbol{\rho}$,
- la constante d'anisotropie magnétocristalline $\mathbf{K_1}$ qui rend compte de la difficulté avec laquelle pivote l'aimantation vers la direction du champ extérieur ;
- la constante de magnétisation $\boldsymbol{\lambda_{100}}$ qui caractérise la déformation spontanée d'un monocristal aimanté à saturation quand l'orientation de l'aimantation varie.

Nous pouvons donc dire que le matériau idéal serait celui qui présenterait une polarisation magnétique à saturation et une résistivité électrique très élevée et simultanément, des constantes d'anisotropie magnétocristalline et de magnétostriction voisine de zéro [1]. Afin de s'approcher du matériau idéal, il est possible, par addition au fer d'éléments comme le silicium et parfois l'aluminium pour modifier les constantes du matériau.

Il existe deux familles de tôles en fer-silicium : celles dites à grains orientés, possédant des qualités anisotropes, utilisés pour les circuits magnétiques des équipements statiques ou quasi-statiques (transformateurs, relais électromécaniques…) et par opposition, les tôles à grains non orientés qui constituent quasiment tous les circuits magnétiques feuilletés des machines tournantes. La composition de ces tôles mène à un large éventail de qualité. Le premier avantage de l'alliage fer-silicium réside dans leur résistivité électrique considérablement augmentée. L'addition du silicium et, dans un moindre mesure, celle de l'aluminium, entraîne un durcissement du métal rendant possible la découpe dans les tôles minces, par poinçonnage et à cadence élevées pour l'obtention de formes compliquées comme celles qu'utilisent les constructeurs de machines.

#### I.2.1.2. Caractéristiques des matériaux magnétiques durs (aimants permanents)

Les aimants permanents sont des matériaux magnétiques « durs », c'est-à dire des matériaux qui, une fois aimantés conservent leur aimantation à la température d'utilisation et qui se désaimantent difficilement ( [21], [22] ). Leur cycle d'hystérésis est large et présente deux valeurs limites particulièrement intéressantes que l'on trouve dans le second quadrant ($\mathbf{B} > \mathbf{0}$ $\boldsymbol{et}$ $\boldsymbol{H} < 0$) :

- L'induction rémanente $\mathbf{B_r}$ à champ d'excitation nul qui doit être importante ;
- Le champ coercitif $\mathbf{H_C}$ qui annule l'induction.

Outres ces qualités, un aimant permanent doit être stable (insensibilité aux chocs et aux cycles thermiques) et présenter de bonnes caractéristiques mécaniques. Il peut être fabriqué sous des formes diverses et ses modes de magnétisation sont multiples.

Dans ce paragraphe, nous présentons les principaux types d'aimants couramment utilisés dans la réalisation des machines tournantes à aimants permanents. Ces aimants sont [1] : les Ferrites durs, les terres rares Samarium-Cobalt, les terres rares Néodyme-Fer-Bore, les AlNiCo.

#### a. Les Ferrites durs

Les Ferrites sont fabriquées à partir d'oxyde de fer associé à du manganèse, du nickel ou du zinc, assemblés par frittage (agglomération à chaud). Ce sont des céramiques, c'est-à dire des produits très durs mais fragiles et peu résistants aux efforts de traction. Les ferrites ne sont pas sujets à l'oxydation et offrent une excellente résistance aux composés hydrocarbonés, mais sont par contre fortement attaqués par les acides concentrés. A la condition de rester au-dessus du coude de la caractéristique $\mathbf{B} = \mathbf{f}(\mathbf{H})$, les pertes d'induction dues aux champs magnétiques extérieurs sont faibles. Ils sont peu sensibles à la présence de masses ferromagnétiques voisines mais présentent cependant, une aimantation rémanente et une énergie spécifique faibles. Leur coefficient de température de polarisation réversible est assez élevé (-0,25%/°C). Mais leur faible coût fait de ces aimants les plus compétitifs et les plus utilisés. Leur particularité importante est que leur champ coercitif a un coefficient de température positif c'est-à-dire que, c'est à froid que le risque de désaimantation est maximal.

#### b. Les terres rares Samarium-Cobalt

Première génération d'aimants à base des terres rares, ce sont également des céramiques d'alliages métallique, pressées dans des moules et cuits au four. Durs et fragiles, ils ont tendance à se briser en de multiples morceaux sous l'effet d'un choc. Leur polarisation rémanente reste limitée vers **1T** maximum à température ambiante mais leur champ coercitif intrinsèque est tout à fait exceptionnel, jusqu'à

**2000kA/m**. Ils présentent une bonne stabilité thermique jusqu'à 350°C. Leur coefficient de température de polarisation réversible est d'environ –0,03%/°C. Ils sont peu sensibles à la présence de masses ferromagnétiques voisines et à la corrosion. Néanmoins ils restent relativement chers à cause de la faible disponibilité du Samarium (2% des terres rares) et du coût du cobalt.

**c. Les terres rares Néodyme-Fer-Bore**

Les aimants à base de Néodyme (**NdFeB**) sont moins chers que les aimants à base de Samarium-Cobalt, pour des performances accrues. Cependant, leur température maximale d'utilisation n'excède pas 150°C. On note une réduction importante du champ coercitif intrinsèque $\mathbf{H_{Cj}}$ au-dessus de la température ambiante. Leur coefficient de température de polarisation réversible est satisfaisant autour de –0,10%/°C. L'influence d'un champ magnétique extérieur est négligeable puisque le cycle de recul se confond avec la caractéristique de l'aimant.

Les aimants à base de **NdFeB** sont aussi des céramiques, donc durs et relativement fragiles mais sont moins enclins à éclater que les aimants Samarium-Cobalt. Pour améliorer leur résistance à l'oxydation, ils reçoivent couramment un traitement protecteur de placage de nickel, ce qui les rend brillants. Ils sont peu sensibles à la présence voisine de masse ferromagnétique.

**d. Les AlNiCo**

Les alliages à base de fer, nickel et aluminium, d'utilisation déjà ancienne, sont soit coulés soit frittés. Ils sont caractérisés par un champ coercitif relativement faible comparé à ceux des ferrites et des alliages à base d'éléments de terres rares, ce qui les empêche d'être utilisés dans les systèmes ayant de grands entrefers ou lorsqu'il y a des champs démagnétisant importants (machines électriques). On les retrouve néanmoins sur d'anciennes générations de petit moteur. Leur coefficient de température de polarisation réversible est excellent à –0,02%/°C. Ils possèdent une bonne résistance à la corrosion mais sont attaqués par les acides et les solutions alcalines. Les AlNiCo sont très sensibles à l'influence des masses ferromagnétiques voisines (**<6mm**) et risque même une forte désaimantation par contact.

La **Figure I.2** montre la caractéristique de démagnétisation de l'aimant permanent. Tant que le champ appliqué est inférieur au champ critique $\mathbf{H_k}$, le cycle est réversible. Le point de fonctionnement de l'aimant (**B**, **H**) se déplace sur la droite **(voir 1 sur la figure)**.

Si le champ démagnétisant dépasse le champ critique $\mathbf{H_k}$, l'aimant subit alors une démagnétisation irréversible. En amenant le champ à une valeur inférieure à $\mathbf{H_k}$ on revient sur un cycle mineur (**voir 2 sur la figure**), ce qui équivaut à une diminution de l'induction rémanente. Ce phénomène est très important dans les machines électriques car une démagnétisation irréversible de l'aimant, même partielle, entraîne une diminution de l'induction dans l'entrefer de la machine. Ainsi, ses performances (couple et rendement) sont alors définitivement dégradées.

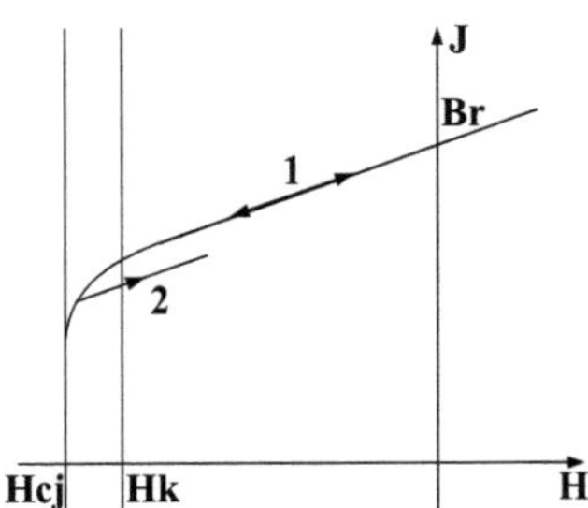


**Figure I.2** : Caractéristique de démagnétisation d'un aimant permanent

### I.2.1.3. Comparaison entre les différents types d'aimants permanents

Dans le **Tableau I.1** sont regroupées les informations nécessaires pour faire le choix d'utiliser un type d'aimants permanents par rapport à un autre, suivant les exigences du cahier de charges et les conditions de travail imposées par l'application. Les ferrites, malgré une aimantation rémanente et une énergie spécifique peu importantes, restent, de par leur coût réduit, d'utilisation courante dans le domaine des machines électriques de grande série, dans l'automobile notamment. Les aimants à base de terres rares Samarium-Cobalt combinent induction élevée, forte résistance à la désaimantation et stabilité à la température. Ils sont tout à fait adaptés à la mise en œuvre dans les machines à courant alternatif de grande puissance. Les Néodyme-Fer-Bore possèdent de meilleures caractéristiques magnétiques que celles présentées par les aimants au Samarium-Cobalt mais certains facteurs, en particulier celui du champ coercitif, dépendent encore largement du facteur température.

**Tableau I.1** : Caractéristiques magnétiques de différents types d'aimants **[1]**

| | **$BH_{max}$ ($kJ/m^3$)** | **$B_r$(T)** | **$H_{cJ}$ (kA/m)** | **$\rho$ ($kg/m^3$)** | **$T_{max}$ (°C)** |
|---|---|---|---|---|---|
| **Ferrites durs** | 8-35 | 0,2 à 0,4 | 170 à 250 | 4800 | 350 |
| **Sm-Co** | 140-240 | 1,0 à 1,05 | 900 à 2000 | 8300 | 250 à 350 |
| **NdFeB** | 200-380 | 1,2 à 1,5 | 900 à 2000 | 7400 | 140 à 210 |
| **AlNiCo** | 50-85 | 1,1 à 1,3 | 50 à 150 | 7300 | 500 |

### I.2.2. Les différentes parties de la machine synchrone à aimants permanents

Ayant présenté les différents types d'aimants permanents et leurs caractéristiques, nous allons à présent donner, avec quelques détails les différentes parties d'une machine synchrone à aimants permanents.

#### I.2.2.1. Le rotor : différentes configurations

C'est la partie tournante de la machine synchrone à aimants permanents. Il est constitué d'un noyau de fer sur lequel sont disposés les aimants permanents qui servent à générer une excitation permanente et faisant ici office de l'inducteur comme dans les machines à rotor bobiné, ce qui présente plusieurs avantages [23] :

- L'absence d'enroulements au rotor annule les pertes joules rotoriques et conduit ainsi à un meilleur rendement ;
- L'absence des enroulements au rotor permet un gain en volume et en masse, conférant à la machine un couple volumique et une puissance massique relativement élevés ;
- Suppression des contacts frottant balais-collecteur ou balais-bagues ;
- Un facteur de puissance plus élevé.

Les machines à aimants permanents sont classées suivant la disposition des aimants sur le rotor. Leurs différentes configurations incluent les machines à flux radial et à flux axial. Celles-ci peuvent être alimentées soit par des courants sinusoïdaux dans le cas des Permanent Magnet Synchronous machines (PMSM) ou par des courants en créneaux dans le cas des Brushless Direct Current Motors (BDCM).

##### a. Structures à flux radial

La **Figure I.3** représente les configurations de MSAP à flux radial les plus utilisées dans les applications.

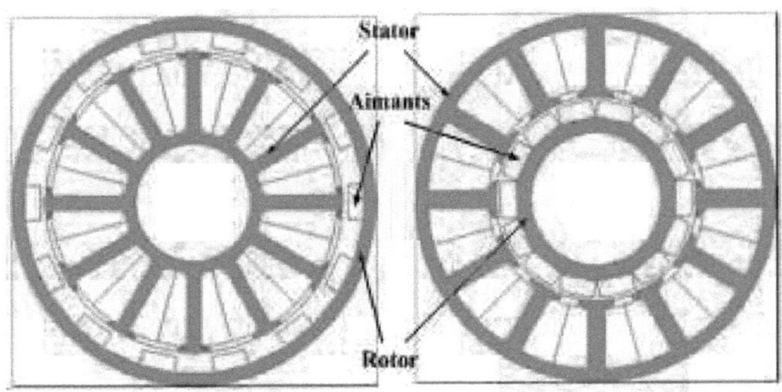


**Figure I.3 :** Structures de machine synchrone à flux radial **[18]**

La machine synchrone à flux radial est la machine à aimants la plus conventionnelle. Elle est couramment employée pour l'entraînement direct. Son stator est identique à celui d'une machine d'induction classique. Elle peut se présenter soit avec un rotor placé à l'intérieur ou à l'extérieur (**Figure I.3**).

Le rotor de machines à flux radial est muni d'aimants montés soit en surface, soit encastrés ou enterrés.

⇒ **Aimants montés en surface**

Ces structures de machines synchrones sont appelées machines à inducteur lisse en raison de leur aimants disposés au niveau de l'entrefer, sur un noyau ferromagnétique lisse (**Figure I.4.a**). Leur aimantation peut être radiale, tangentielle ou combinée.

La topologie à rotor interne est généralement la plus utilisée en raison de sa simplicité de conception et son faible coût de réalisation. Cependant, elle présente quelques inconvénients. En effet, les aimants permanents sont exposés au champ de démagnétisation et sont sujet à des forces centrifuges pouvant causer leur détachement du rotor [24].

La topologie à rotor extérieur est moins utilisée car elle est plus difficile à réaliser et nécessite plus de volume d'aimant. Néanmoins, elle présente les avantages suivants :

- Un diamètre du rotor plus grand que pour les machines conventionnelles à flux radial, permettant d'avoir un nombre plus élevé de pôles et un couple plus élevé ;
- Une meilleure qualité de collage des aimants sur le rotor grâce à la force centrifuge qui pousse les aimants vers l'extérieur, rendant leur détachement presque impossible.

Pour améliorer la tenue mécanique et la fixation des aimants, ceux-ci peuvent être insérés sous une frette amagnétique, généralement en fibre de verre. Comme les aimants permanents ont une perméabilité proche de celle de l'air ($\mu_r \approx 1.1 \ldots$à$\ldots 1.2$), l'entrefer magnétique équivalent vu par le stator est important et constant [25].

⇒ **Aimants enterrés**

Les machines à aimants enterrés sont des machines avec des aimants intégrés dans le rotor (**Figure I.4.b**) et aimantés radialement. Du fait que la surface du pôle magnétique est plus petite que celle du rotor, l'induction dans l'entrefer est plus faible que l'induction dans l'aimant. La réactance synchrone d'axe-d est plus petite que celle de l'axe-q. Les aimants dans cette position sont très protégés contre les forces centrifuges. C'est une configuration recommandée pour les grandes vitesses [25].

⇒ **Aimants à concentration de flux**

Une autre façon de placer les aimants dans le rotor est de les enterrer profondément à l'intérieur de celui-ci. Ici, les aimants sont aimantés dans le sens de la circonférence (**Figure I.4.c**). L'avantage de cette configuration par rapport à toutes les autres configurations citées ci-haut est la possibilité de concentrer le flux généré par les aimants permanents dans le rotor et d'obtenir une induction plus forte dans l'entrefer. Comme les machines à aimants insérés, les aimants permanents sont protégés contre la désaimantation et les contraintes mécaniques. La réactance synchrone sur l'axe-q est plus grande que celle sur l'axe-d [25].

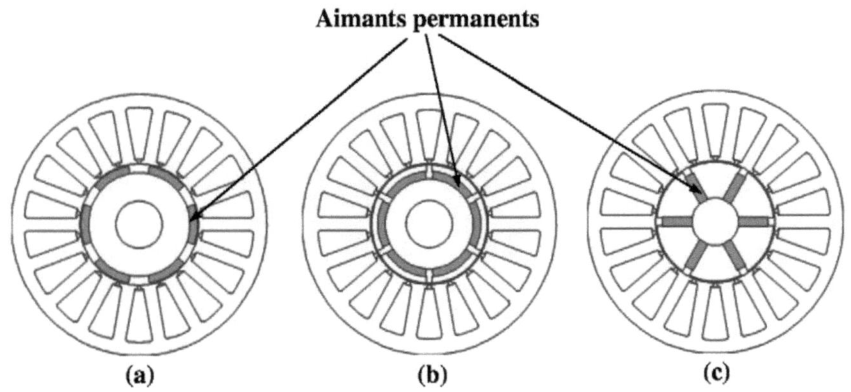


**Figure I.4** : Différentes structures de rotor des MSAP

#### b. Structures à flux axial

Ces machines, dites « discoïdales » représentent une autre solution possible pour les entraînements directs à basse vitesse. Elles comportent un ou plusieurs disques mobiles supportant les aimants permanents. Leur principal avantage est l'optimisation de la surface utile de génération du couple, qui se traduit par une puissance volumique importante. Cependant, leur assemblage est très compliqué à cause des contraintes mécaniques liées aux poussées axiales.

Comparées à la structure à flux radial, ces machines se caractérisent par un plus grand diamètre et une longueur axiale relativement courte. Le flux provenant des aimants est axial tandis que le courant est dans la direction radiale. Différentes configurations à flux axial existent : celle à structure simple avec un seul rotor associé à un seul stator et celle à double entrefer avec soit un seul stator inséré entre deux rotors ou un seul rotor inséré entre deux stators. La **Figure I.5** montre un exemple de MSAP à flux axial.

Le choix d'une structure plutôt que d'une autre est motivé par les paramètres tels que le couple électromagnétique, les gammes de puissances souhaitées, la vitesse, la fréquence de fonctionnement, l'encombrement, etc. Ainsi pour des applications où la vitesse est élevée et le couple faible, le nombre d'aimants est limité (car la vitesse est inversement proportionnelle au nombre d'aimants) ; alors que pour des applications basses vitesses forts couples, le nombre d'aimants peut être élevé [18].

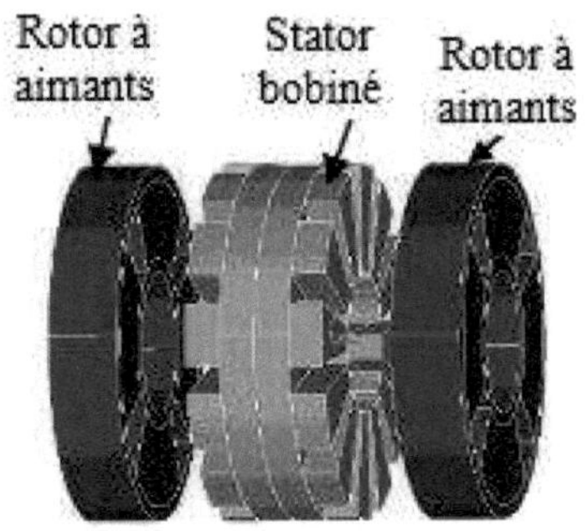


**Figure I.5 :** Structure à flux axial **[20]**

### I.2.2.2. Le stator : Architecture et bobinage

C'est la partie fixe de la machine synchrone à aimants permanents. Il est fait de matériaux ferromagnétique dont la perméabilité relative est très grande. Il est pourvu d'orifices appelées « encoches » dans lesquelles vont se loger les bobinages. Le bobinage d'une machine synchrone est un des points cruciaux de la conception pour l'obtention de bonnes performances et donc d'un rendement élevé. Pour éviter le gaspillage de cuivre, il est recommandé de choisir un style de bobinage adéquat en fonction des performances souhaitées. Pour cela on distingue deux familles de bobinages [22] :

- Les bobinages dits réguliers, parmi lesquels on trouve les bobinages à pas diamétral, les bobinages à pas raccourcis, les bobinages repartis ;
- Les bobinages dits non réguliers, comme les bobinages à trous ou à nombre fractionnaire d'encoches par pôle et par phase.

Il est également possible de concevoir de nombreuses variantes de bobinages de machines synchrones à aimants permanents, mais les problèmes de fabrication poseront une limite à celles-ci. Les machines à basse tension sont habituellement bobinées en utilisant des fils cylindriques émaillés non rangés. Chaque conducteur servant à constituer une bobine est le plus souvent formé de plusieurs brins de fils. L'isolation des bobines par rapport à la masse est réalisée en plaçant dans les encoches, avant toute opération d'insertion du bobinage, une feuille de matériau isolant en forme de U qui épouse tout le périmètre utile de l'encoche [26]. Le choix du type de bobinage dépend de l'utilisation pour laquelle la machine est destinée. Nous présenter deux structures de bobinage les plus répandues.

### a. Bobinage concentrique

C'est un type de bobinage pour lequel les bobines statoriques sont installées uniquement entre deux encoches non-adjacentes. Grâce à son facteur de bobinage élevé, ce type de bobinage permet d'obtenir des machines plus compactes avec plus de couple volumique que dans le cas du bobinage reparti. La **Figure I.6** représente l'illustration graphique d'un bobinage 3-phases croisées concentrées et une photo comme exemple de ce type de bobinage. C'est par ailleurs ce type de bobinage que nous allons utiliser plus loin pour le placement d'enroulements dans les encoches statoriques de nos machines.

Figure I.6 : Illustration graphique du bobinage concentré [27]

Cependant, le fait que chaque bobine soit installée entre deux encoches non-adjacentes conduit à deux inconvénients principaux [27] :

- La procédure complexe de fabrication, d'entretien et de recyclage, car le croisement des bobines reste toujours une contrainte majeure pour de telles procédures ;
- Les têtes de bobines inutiles (sauf pour reboucler le circuit) sont toujours longues pour les grandes machines, prenant plus d'espace et ajoutant plus de pertes joules, ce qui réduit le couple et l'efficacité de la machine.

### b. Bobinage distribué

Le mot distribué signifie que chaque pôle statorique (c'est-à-dire l'ensemble de bobines dédiées à capter le flux d'un pôle rotorique) est reparti entre plusieurs encoches (plus de deux encoches). Cette répartition bien connue dans le domaine industriel, permet de réduire les effets parasites dans la machine comme le bruit, les pertes et l'ondulation de couple et de tension [27]. Dans la **Figure I.7**, nous donnons l'illustration graphique d'un bobinage triphasé reparti.

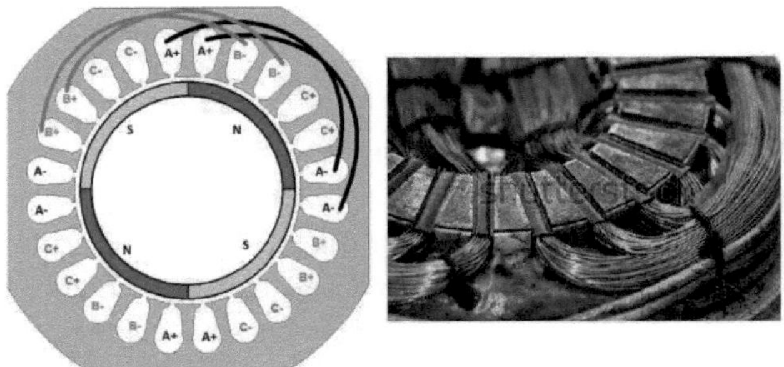


**Figure I.7 :** Illustration graphique d'un bobinage reparti **[27]**

## I.2.3. Principe de fonctionnement

Le fonctionnement d'une machine MSAP est basé sur le principe de l'interaction entre le champ crée par les aimants permanents rotorique et le champ crée par les enroulements statoriques. C'est un fonctionnement qui s'accroche pour l'essentiel au principe du champ tournant ou glissant.

Les enroulements de chaque phase du stator sont alimentés par un courant alternatif sinusoïdal. Ainsi, il nait donc dans chacune de ces phases un champ magnétique $\mathbf{B(t)}$ décalé de $\mathbf{2\pi/q}$ (q étant le nombre de phase) les uns par rapport aux autres du fait de l'alimentation ayant q phases. Le champ magnétique résultant constitue donc le champ tournant entraînant le rotor de la machine dans un mouvement de rotation autour de son axe.

## I.3. Applications des machines synchrones a aimants permanents

Ces machines ont trouvé un vaste champ d'applications dans plusieurs domaines (équipements domestique, lecteurs CD/DVD et disques durs des ordinateurs, voiture et vélo électriques, transport, aérospatial, machines outils, servomoteurs, équipements médical, propulsion des navires, etc.). Celles-ci sont utilisées pour des puissances allant de la gamme des microwatts à celle des mégawatts ; la **Figure I.8** précédente illustre quelques applications de ces machines.

(a) : Voiture Hybride

(b) : Vélo électrique

**Figure I.8 :** Quelques applications des machines synchrones à aimants permanents **[20]**

## I.4. Conclusion

Dans ce chapitre, nous avons présenté les différents types d'aimants permanents en donnant les caractéristiques relatives. Un bref tour d'horizon des différents types de machines synchrones à aimants permanents a également été fait. La popularité et les nuances des aimants permanents disponibles sur le marché, les diverses façons de les disposer sur le rotor et les divers types de stator associés à leur bobinage nous amène à une multitude de machines synchrones à aimants permanents. La modélisation dans ce cas n'est pas une chose aisée ; les méthodes de calculs empiriques ou analytiques deviennent insuffisantes quant à la prise en considération des géométries complexes et de la non linéarité des matériaux. La résolution de tels problèmes nécessite donc de recourir aux méthodes numériques. La méthode des éléments finis est l'une des méthodes numériques les plus efficaces et les plus utilisées pour la résolution des équations de champ électromagnétique, qui découlent des équations de Maxwell ; la présentation de cette méthode ainsi que la modélisation éléments de la machine feront l'objet du chapitre suivant.

# CHAPITRE II: MODELISATION ELEMENTS FINIS DE LA MACHINE SYNCHRONE A AIMANTS PERMANENTS

## II.1. Introduction

L'optimisation des paramètres géométriques de la machine ainsi que la prédiction précise de son fonctionnement exigent la connaissance de la répartition du champ magnétique dans toutes les régions actives de celle-ci. Le calcul du champ magnétique est le moyen le plus précis pour la détermination des paramètres électromagnétiques des machines en fonctionnement ; pour cette raison, il est indispensable d'employer une méthode numérique capable de fournir une meilleure précision dans le calcul du champ à l'instar de la méthode des éléments finis. Dans ce chapitre, nous donnons le modèle magnétostatique à deux dimensions caractérisant le fonctionnement de la machine synchrone à aimants permanents, une présentation de la méthode des éléments finis est également faite et les différents paramètres dimensionnels des structures classiques de MSAP étudiées au chapitre précédent sont donnés.

## II.2. Modèle magnétostatique de la machine

Le fonctionnement des machines électriques est directement lié à la distribution des lignes de champ au sein de leur structure. La connaissance de cette distribution est très importante pour la détermination des grandeurs nécessaires au dimensionnement comme le flux, le couple électromagnétique, les inductances, etc.

La résolution par la méthode analytique de systèmes électromagnétiques ayant des caractéristiques non linéaires présente des problèmes de calcul du fait qu'elle ne permet pas de tenir compte des spécifications géométriques de la machine ainsi que de la nature de ses matériaux. L'accroissement des possibilités de calcul et l'évolution des méthodes numériques ont permis de prendre en compte des phénomènes de plus en plus complexes et de fournir des solutions satisfaisantes pour un nombre de problèmes aussi croissant. La méthode des éléments finis (**MEF**) est l'une des méthodes numériques les plus utilisées pour le calcul du champ magnétique dans les machines électriques.

Dans cette section, un modèle magnétostatique à deux dimensions de la MSAP est établie. Celui-ci tient compte des spécificités géométriques de la machine ainsi que de la nature de ses matériaux. La résolution de ce modèle est effectuée à l'aide du logiciel de calcul de champ **FEMM** basé sur la méthode des éléments finis à deux dimensions. Ce modèle permettra de déterminer les paramètres électromagnétiques de la machine avec une bonne précision.

### II.2.1. Formulation du problème magnétostatique de la machine

La détermination du champ magnétique dans un système peut être obtenue à l'aide des équations de Maxwell en utilisant soit le potentiel scalaire, soit le potentiel vecteur.

Les équations de Maxwell s'écrivent de la manière suivante :

$$\mathbf{div}\vec{\mathbf{B}} = \mathbf{0} \quad \textbf{(II.1)}$$

$$\mathbf{rot}\vec{\mathbf{H}} = \vec{\mathbf{J}} \quad \textbf{(II.2)}$$

Où $\vec{\mathbf{J}}$ représente la densité de courant totale, $\vec{\mathbf{B}}$ représente le vecteur induction magnétique et $\vec{\mathbf{H}}$ le vecteur champ magnétique.

À ces équations s'ajoutent l'équation du milieu où $\boldsymbol{\mu}$ est la perméabilité magnétique.

$$\vec{\mathbf{B}} = \boldsymbol{\mu}\vec{\mathbf{H}} \quad \textbf{(II.3)}$$

La relation (**II.1**) implique que $\vec{\mathbf{B}}$ dérive d'un potentiel vecteur $\vec{\mathbf{A}}$. Ce qui donne :

$$\mathbf{rot}\vec{\mathbf{A}} = \vec{\mathbf{B}} \quad \textbf{(II.4)}$$

L'ensemble des équations **(II.2), (II.3) et (II.4)** donne l'équation à résoudre :

$$\mathbf{rot}\left(\frac{\mathbf{1}}{\boldsymbol{\mu}}\mathbf{rot}(\vec{\mathbf{A}})\right) = \vec{\mathbf{J}} \quad \textbf{(II.5)}$$

Comme nous travaillons sur un repère à deux dimensions ( $\mathbf{x}, \mathbf{y}$), le vecteur induction magnétique $\vec{B}$ n'admet de composantes que dans le plan. Le potentiel vecteur $\vec{\mathbf{A}}$ a une seule composante, suivant l'axe z ; ceci permet de le traiter comme un scalaire $\mathbf{A_z}$.

Après transformation de l'équation (**II.5**), on obtient l'équation différentielle à résoudre :

$$\frac{\partial}{\partial x}\left(\frac{1}{\mu}\frac{\partial A_z}{\partial x}\right) - \frac{\partial}{\partial y}\left(\frac{1}{\mu}\frac{\partial A_z}{\partial y}\right) = J_z \quad \textbf{(II.6)}$$

Notre étude se fait sur une machine synchrone à aimants permanents ; $\mathbf{J_z}$ représente donc la densité de courants dû aux courants dans les bobinages statoriques et l'équivalent en courant magnétisant des aimants rotoriques. Les courants de Foucault sont ici négligés du fait que le stator et le rotor sont faits de tôles feuilletées. La résolution de l'équation (**II.6**) est effectuée par la méthode des éléments finis, les paramètres dimensionnels de la machine étant entièrement donnés et les conditions aux limites du domaine d'étude étant spécifiées.

### II.2.2. Résolution par la méthode des éléments finis

Dans cette section, nous allons présenter le principe utilisé par le logiciel FEMM pour la résolution des équations de champ électromagnétique issues des équations de MAXWELL.

#### II.2.2.1. Principe de la méthode des éléments finis

La méthode des éléments finis est une des méthodes numériques puissantes pour la résolution des problèmes de champ électromagnétique ( [28], [29]). De plus, cette méthode permet d'intégrer diverses méthodes de prise en compte de phénomènes inhérents au fonctionnement de ces machines, tels que les phénomènes de saturation, les couplages pulsatoires dus à un entrefer variable, le mouvement relatif des parties rotoriques par rapport aux parties statoriques. Le principe bien connu de cette méthode est de discrétiser le domaine d'étude en de multiples éléments puis de résoudre localement, dans chacun de ceux-ci, les équations associées à la formulation retenue. Les inconnues élémentaires sont alors définies par une combinaison linéaire, pondérée par les polynômes d'interpolation. La précision du calcul est liée à la finesse du maillage et au degré de ces polynômes.

#### II.2.2.2. Discrétisation et approximation

Comme nous l'avons dit plus haut, l'idée fondamentale de la méthode des éléments finis est de subdiviser le domaine d'étude en de petites régions appelées éléments finis. Les fonctions qui sont jusque-là inconnues, sont approximées sur chaque élément par une simple fonction appelée fonction de forme, qui est continue et définie sur chaque élément [30].

La forme des éléments finis est directement liée à la dimension du problème (2D ou 3D). Comme notre modélisation se fait en deux dimensions, nous utiliserons les triangles pour la discrétisation de notre domaine d'étude car c'est la discrétisation adaptée à ce type de modélisation ( [31], [32]).

La discrétisation étant une étape importante dans l'analyse élément finis, une bonne application de celle-ci sur les parties les plus influentes dans le fonctionnement de la machine permettrait d'avoir des résultats quasi-précis.

#### II.2.2.3. Exploitation de la méthode des éléments finis

Ici, nous expliquons d'une façon brève la démarche utilisée par le logiciel de calcul de champ pour résoudre l'équation de champs électromagnétique (équation II.6). La fonction inconnue est approchée dans chaque élément par une fonction d'interpolation nodale. Cette approximation fait intervenir les valeurs de l'inconnue aux nœuds de chaque élément ainsi que les coordonnées géométriques de ces nœuds. Cette fonction est décrite dans chaque élément **e** par une combinaison linéaire des valeurs $\mathbf{A_i^e}$ sur chaque nœud. Cette combinaison est donnée par :

$$\mathbf{A^e = \sum_{i=1}^{3} \alpha_i^e A_i^e} \qquad \textbf{(II.7)}$$

Avec $\boldsymbol{\alpha_i^e}$ la fonction de pondération devant vérifier :

$$\boldsymbol{\alpha_i^e(x_j, y_j) = \begin{cases} 1 \text{ si } i = j \\ 0 \text{ si } i \neq j \end{cases}} \qquad \textbf{(II.8)}$$

La **Figure II.1** montre un élément triangulaire dans un repère à deux dimensions.

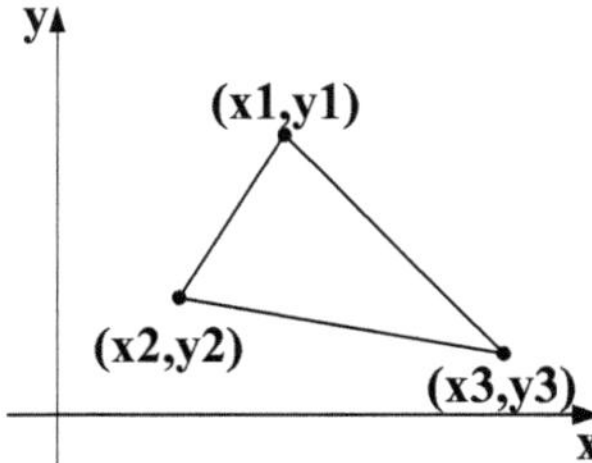


**Figure II.1 :** Un élément triangulaire dans un repère 2D

De l'élément triangulaire de la **Figure II.1**, on a :

$$\boldsymbol{\alpha_1 = \frac{1}{2\Delta}[(x_2y_3 - x_3y_2) + x(y_2 - y_3) + y(x_3 - x_2)]} \qquad \textbf{(II.9)}$$

$$\boldsymbol{\alpha_2 = \frac{1}{2\Delta}[(x_3y_1 - x_1y_3) + x(y_3 - y_1) + y(x_1 - x_3)]} \qquad \textbf{(II.10)}$$

$$\boldsymbol{\alpha_3 = \frac{1}{2\Delta}[(x_1y_2 - x_2y_1) + x(y_1 - y_2) + y(x_2 - x_1)]} \qquad \textbf{(II.11)}$$

Où $\Delta$ est l'aire de l'élément considéré et s'exprime de la manière suivante :

$$\boldsymbol{2\Delta = \begin{vmatrix} 1 & x_1 & y_1 \\ 1 & x_2 & y_2 \\ 1 & x_3 & y_3 \end{vmatrix}} \qquad \textbf{(II.12)}$$

Ce qui donne donc :

$$\Delta = \frac{1}{2}[(x_2y_3 - x_3y_2) + (x_3y_1 - x_1y_3) + (x_1y_2 - x_2y_1)] \qquad \textbf{(II.13)}$$

### II.2.3. Exploitation du logiciel de calcul numérique de champ FEMM

Le logiciel FEMM est conçu pour résoudre les problèmes électromagnétiques en deux dimensions par la méthode des éléments finis. Son interface de travail est donnée à la **Figure II.2**.

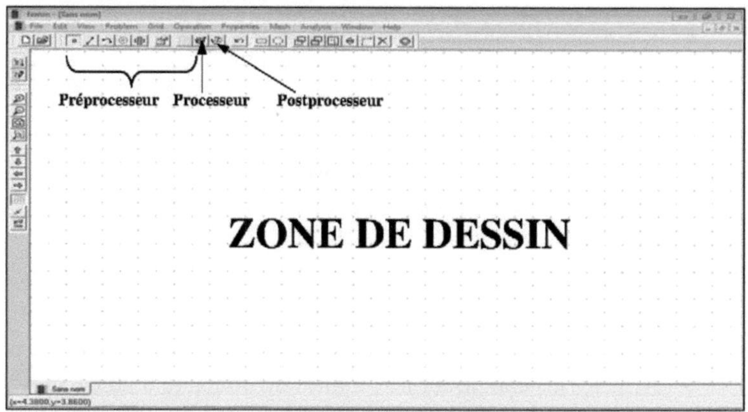


**Figure II.2 :** Environnement de travail du logiciel FEMM

Ce logiciel est divisé en trois parties :

➢ Le préprocesseur (**femm.exe**) : c'est un programme de CAO (Conception Assistée par Ordinateur) pour la définition de la géométrie du problème à résoudre ainsi que les propriétés de toutes les parties du domaine d'étude ;

➢ Le processeur ou solveur (**fkern**) : c'est un programme qui prend en compte les fichiers de données décrivant le problème et résous les équations de Maxwell afin d'obtenir les valeurs de l'induction magnétique dans le domaine de résolution.

➢ Le post processeur (**femmview.exe**) : c'est un programme graphique qui affiche les résultats sous forme de champ aux points arbitraire du domaine d'étude. Il permet également d'évaluer plusieurs intégrales et de tracer diverses quantités d'intérêt le long des contours définis par l'utilisateur.

Deux programmes supplémentaires sont aussi appelés pour exécuter des tâches spécialisées. Ceux-ci sont :

➢ Triangle.exe : ce programme découpe la région d'étude en un grand nombre de triangles ; c'est ici que se situe le fondement de la méthode des éléments finis.

➢ Femmplot.exe : ce programme est utilisé pour afficher diverses solutions sous formes de courbes.

Les étapes suivantes sont nécessaires pour analyser un problème sous FEMM :

➢ Choisir la nature du problème à résoudre (magnétique, électrostatique, …). Dans notre cas, le problème posé est de nature magnétique ;

➢ Définir le niveau de précision dans la résolution des équations, l'unité de mesure à utiliser, le type du problème à résoudre (planar ou axisymétrique) ;

➢ Choisir le plan de travail : (x, y) en coordonnées cartésiennes ou (r, z) en coordonnées polaires ;

➢ Introduire minutieusement les dimensions géométriques des différentes parties de la machine ;

➢ Affecter les matériaux des différentes parties de la machine ;

➢ Affecter les conditions aux limites du domaine d'étude ;

➢ Affecter les sources de courants (Dans notre cas, les simulations vont se faire à vide pour la détermination du couple de détente) ;

➢ Choisir un maillage adéquat pour le calcul ;

➢ Lancer la résolution.

#### II.2.3.1. Présentation des différentes structures de machines étudiées

L'objectif principal de notre étude étant de déterminer une structure géométrique de la machine synchrone à aimants permanents permettant de produire le couple de détente, nous allons étudier les différentes structures classiques de machines synchrones à aimants permanents à flux radial présentées au premier chapitre ; ceci dans le but de justifier notre choix sur une configuration donnée en vue de l'étude d'optimisation.

Pour toutes les machines, le diamètre du stator est de **88mm** et la longueur utile est de **88mm**. Ce sont les paramètres qui seront constants tout au long des analyses. Les autres paramètres tels que le rayon de l'arbre de la machine, l'épaisseur de la culasse statorique, la largeur des plots, seront ajustés afin d'obtenir une bonne répartition de l'induction magnétique dans la machine.

Les machines étudiées possèdent chacune 3 paires de pôles (6 pôles) au rotor et 18 plots au stator. Cette valeur du nombre de plots peut être modifiée mais toujours est-il que le nombre de pôle au stator, après placement des enroulements doit être le même que celui au rotor. Les autres paramètres tels que l'épaisseur de la culasse statorique, la largeur des plots, et la hauteur de l'épanouissement polaire seront ajustés pour chaque configuration de MSAP à structure classique, afin d'avoir une bonne répartition de l'induction dans les tôles utilisées. La coupe transversale de la **Figure II.3** montre les différentes parties de la structure classique de MSAP à concentration de flux réalisée. Les valeurs des paramètres géométriques sont données dans le **tableau annexe 1** de **l'annexe A**.

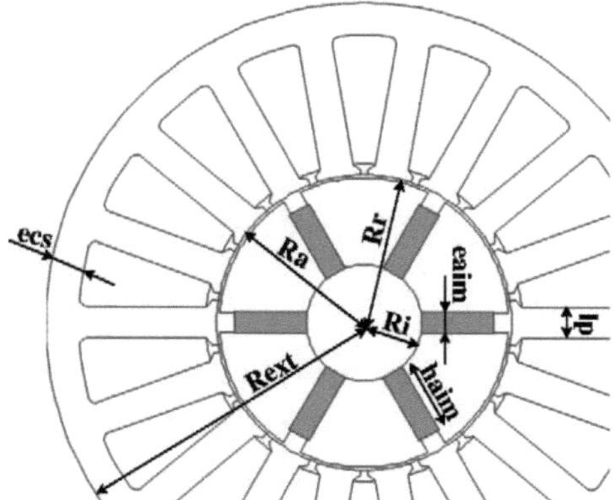


**Figure II.3 :** Coupe transversale d'une machine synchrone à aimants permanents à concentration de flux à structure classique

### II.2.3.2. Matériaux utilisés

Le matériau magnétique utilisé pour la construction du rotor et du stator est caractérisé par sa courbe de magnétisation et son cycle d'hystérésis. Cependant, la modélisation des matériaux magnétique en tenant compte de leur cycle d'hystérésis nécessite des informations sur le passé, ce qui rend le modèle plus complexe [20].

Dans le but de simplifier la modélisation, les matériaux magnétiques sont représentés uniquement par leur courbe de magnétisation, l'effet d'hystérésis est négligé [20]. Les matériaux magnétiques que nous avons utilisés pour la modélisation sont régis par la courbe de magnétisation présentée à la **Figure II.4**. Celle-ci exprime la variation de l'induction magnétique **B** produite dans le matériau par l'application d'un champ magnétique d'intensité **H**.

Les aimants utilisés sont ceux formés à base des alliages métaux-terres rares à l'exemple du Néodyme-Fer-Bore (**NdFeB**), qui emmagasine une grande quantité d'énergie que les autres types d'aimants ; par ailleurs, son coût est élevé.

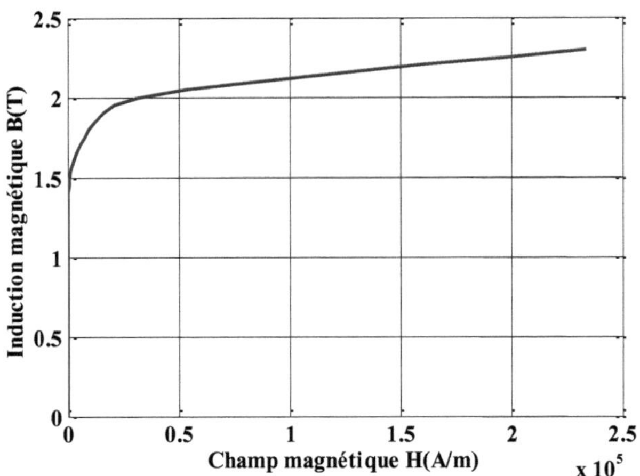


**Figure II.4 :** Caractéristique B(H) des tôles utilisées

### II.2.3.3. Maillage des différentes structures de machines étudiées

Dans l'analyse électromagnétique de la MSAP, il est possible de limiter l'étude sur un pas polaire. Cependant, afin de pouvoir effectuer des calculs de champ pour plusieurs positions du rotor, le maillage sur toute la section de la machine s'avère nécessaire.

Pour mailler correctement notre domaine d'étude, l'expérience acquise dans la simulation de divers types de moteurs ( [33], [34] ) est mise à contribution afin d'élaborer une règle simple de maillage.

- Le maillage de la zone d'entrefer est fait de manière la plus fine afin de minimiser les erreurs de calculs ;
- Plus une zone est située loin de l'entrefer, plus il est maillé grossièrement.

La **Figure II.5** montre le maillage sur une coupe transversale de la machine synchrone à aimants permanents montés en surface. Nous avons mis en évidence le maillage affiné au niveau de l'entrefer en faisant un zoom sur celle-ci. Pour les autres structures de MSAP classiques étudiées les maillages sont donnés à la **Figure Annexe B.1**.

Le maillage de toutes les structures classiques étudiées étant fait, l'étape réservée au préprocesseur est donc terminée. Nous allons dans la suite entamer l'étape du processeur consacrée à la résolution des équations issues de la discrétisation par éléments de notre domaine d'étude. Mais avant cela, il faut expliciter les méthodes que nous allons utiliser pour la détermination des paramètres électromagnétiques des MSAP étudiées. Ainsi, nous pourrons avoir les allures des paramètres tels que le couple, le flux embrassé par chaque phase des enroulements statoriques, la f.é.m. par phase, etc.

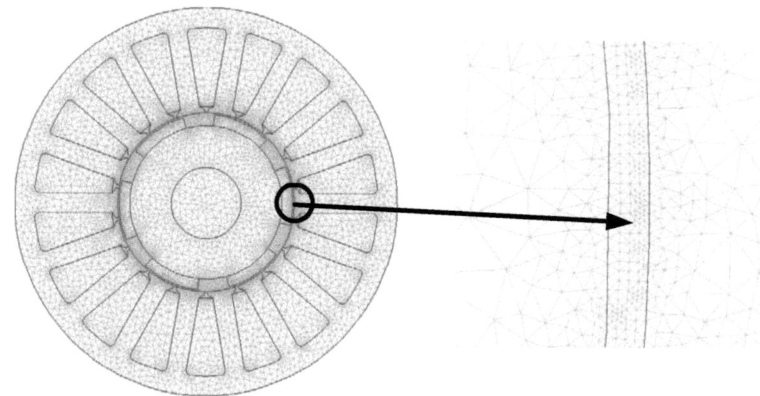

**Figure II.5 :** Maillage de la MSAP montés en surface du rotor

Notre objectif principal étant la production du couple de détente, nous allons effectuer toutes nos simulations à l'absence du courant dans les enroulements statoriques. Ainsi donc, le flux et tous les autres paramètres électromagnétiques ne seront dus qu'à la présence des aimants rotoriques. Nous nous intéresserons à l'effet de ce champ rotorique sur les enroulements statoriques ainsi que sur le couple de détente.

### II.3. Calcul du flux dans chaque phase des enroulements statoriques

Le flux à vide d'une phase de la machine est déterminé en utilisant les solutions du champ magnétique crée uniquement par les aimants permanents. Le calcul du champ est effectué pour différentes positions du rotor en l'incrémentant d'un pas mécanique qui dépend du nombre de positions désirées sur une période électrique. Les solutions du champ magnétique sont utilisées pour déterminer le flux traversant chaque encoche ; ceci dans le but de déduire le flux par phase des enroulements statoriques.

Ce flux de champ se calcule en utilisant la combinaison des équations de Maxwell et de Stokes qui donne l'expression :

$$\varphi = \int_S \vec{\mathbf{B}}\,\overrightarrow{\mathbf{dS}} = \int_S \mathbf{rot}\vec{\mathbf{A}}\,\overrightarrow{\mathbf{dS}} = \oint \vec{\mathbf{A}}\,\overrightarrow{\mathbf{dl}} \qquad \textbf{(II.14)}$$

Le potentiel magnétique dans chaque encoche étant déterminé par analyse éléments finis, la longueur utile de la machine et la surface de la section de chaque encoche étant également connu, le flux par spire dans chaque encoche de la MSAP peut être calculé par la relation suivante :

$$\boldsymbol{\psi_e = L_u \frac{A_e}{S}} \qquad \textbf{(II.15)}$$

Avec :

$\psi_e$: Flux par encoche ;

$\mathbf{L_u}$ : Longueur utile de la machine

**A** : Potentiel magnétique dans une encoche

**S** : Surface d'une encoche.

Le nombre de spires ($\mathbf{N_s}$) dans chaque encoche étant connu, le flux total dans chaque phase est donné par le produit de $\mathbf{N_s}$ et de la somme algébrique du flux des encoches appartenant à chaque phase. Cela se fait en adoptant une bonne connexion des spires et une disposition adéquate des phases en respectant le décalage électrique de $\boldsymbol{2\pi/q}$ existant entre les enroulements statoriques.

Dans chaque encoche de la MSAP, le flux est calculé et enregistré dans une matrice uni-colonne ayant pour nombre de ligne, le nombre d'encoches. En multipliant cette matrice par la matrice de connexion (***matrice ayant comme nombre de lignes le nombre de phases et comme nombre de colonnes, le nombre d'encoches***) et $\mathbf{N_s}$, nous obtenons le flux par phase de la MSAP donné par :

$$\begin{pmatrix} \psi_a \\ \psi_b \\ \psi_c \end{pmatrix} = \mathbf{N_s . M_{\mathit{con}} . M_{\mathit{flux}}} \qquad \textbf{(II.16)}$$

Avec :

$\mathbf{N_s}$ : Nombre de spires par encoche ;

$\mathbf{M}_{con}$: Matrice de connexion contenant les informations sur la position de chaque phase et le sens de bobinage dans les encoches statoriques ;

$\mathbf{M}_{flux}$: Matrice contenant le flux dans chaque encoche et par spire.

## II.4. F.é.m. à vide

La f.é.m. par phase est donnée par la variation du flux par phase en fonction du temps. Elle s'exprime par la loi de Faraday telle que :

$$\begin{pmatrix} e_a \\ e_b \\ e_c \end{pmatrix} = -\frac{d}{dt}\begin{pmatrix} \psi_a \\ \psi_b \\ \psi_c \end{pmatrix} \quad \textbf{(II.17)}$$

Par approximation de la dérivée, l'expression de la f.é.m. dans la phase **a** peut s'écrire :

$$e_a = \frac{\Delta\psi_a}{\Delta t} \quad \textbf{(II.18)}$$

En introduisant la variation ou l'incrément de la position du rotor $\Delta\theta_r$, l'expression précédente devient :

$$e_a = \frac{\Delta\psi_a}{\Delta\theta_r}\frac{\Delta\theta_r}{\Delta t} = e_{ra}.\,\omega_r \quad \textbf{(II.19)}$$

Avec :

$\theta_r$ : Angle de rotation mécanique ;

$\omega_r = \frac{\Delta\theta_r}{\Delta t}$ : Vitesse de rotation mécanique en radians/seconde

$e_{ra} = \frac{\Delta\psi_a}{\Delta\theta_r}$ : Variation du flux envoyé par les aimants rotoriques à travers une phase statorique, qui correspond à la f.é.m. par unité de vitesse.

Finalement, la dérivée de l'allure du flux en fonction de la position rotorique permet de déterminer l'allure de la f.é.m. par unité de vitesse. Afin d'exprimer la f.c.é.m. en volts, d'après l'expression (**II.19**), cette dernière est multipliée par la vitesse de rotation en radian par seconde.

## II.5. Calcul du couple de détente

En général, le couple total développé par la machine peut se décomposer en trois parties ( [20], [35]) :

- Le couple de détente ou de repos, dû à l'attraction des parties saillantes (encoches) du fer statorique par les aimants rotoriques. Ce couple est développé à l'absence du courant dans les phases des enroulements statoriques;
- Le couple de reluctance dû aux variations des inductances des enroulements statoriques en fonction de la position rotorique. Si la machine est à pôle lisse, ce couple est négligé ;

➢ Le couple d'interactions entre le champ statorique crée par les courants dans les phases et le champ rotorique dû aux aimants permanents.

Dans ce travail, ce qui nous intéresse le plus est le couple de détente. Le calcul de ce couple peut s'effectuer à l'aide du travail virtuel, du tenseur de Maxwell, ou encore en intégrant les solutions du champ le long d'un contour circulaire placé au centre de l'entrefer. Dans un but comparatif, nous allons calculer le couple de détente développé par la machine en utilisant trois méthodes afin de justifier notre choix sur une des méthodes de calcul dans la suite de nos analyses.

### II.5.1. Méthode du travail virtuel

Cette méthode est basée sur le principe de la conservation de l'énergie. Cependant, la somme des énergies électriques et mécaniques introduites dans le système est égale à la variation des énergies mécaniques, électriques et magnétiques emmagasinées auxquelles l'on ajoute les pertes. L'énergie mécanique emmagasinée est une fonction du flux, du champ et de la position du rotor en négligeant les pertes par hystérésis et par courants de Foucault. Le travail dû au mouvement de la machine est égale à la variation de la co-énergie. Par conséquent, la dérivée de la co-énergie par rapport à la position angulaire mécanique du rotor à courants statoriques nuls est égale au couple de détente développé par la machine ( [36], [37]) :

$$\mathbf{C_{d\acute{e}t}} = -\frac{\mathbf{dW_c}}{\mathbf{d\theta}} \qquad \textbf{(II.20)}$$

Avec :

$\mathbf{W_c}$ : Co-énergie magnétique ;

En utilisant l'approximation au second ordre de la dérivée, on a :

$$\mathbf{C_{d\acute{e}t}} = -\frac{\mathbf{W_c(\theta+\Delta\theta)-W_c(\theta-\Delta\theta)}}{\mathbf{2\Delta\theta}} \qquad \textbf{(II.21)}$$

### II.5.2. Méthode du tenseur de Maxwell

Cette méthode permet de calculer directement la force ou le couple à partir de la distribution du champ électromagnétique. Dans le cas d'un système à deux dimensions, la force et le couple sont évaluées par intégration du tenseur de Maxwell (densité de force) sur un contour qui délimite la partie en mouvement [38]. Lorsque la distribution de l'induction magnétique et le contour **l** englobant la partie en mouvement sont connus, les expressions de la force $\mathbf{F_t}$ et du couple $\mathbf{C_e}$ agissant sur cette partie mobile sont :

$$\mathbf{F_t} = \int_l \left(\frac{\mathbf{1}}{\mu_0}\vec{\mathbf{B}}(\vec{\mathbf{B}}.\vec{\mathbf{n}}) - \frac{\mathbf{1}}{\mathbf{2}\mu_0}\mathbf{B^2}\vec{\mathbf{n}}\right)\vec{\mathbf{dl}} \qquad \textbf{(II.22)}$$

$$C_e = \vec{r}\,\vec{F_t} \qquad \textbf{(II.23)}$$

Où $\vec{r}$ est un vecteur dont l'origine coïncide avec le point d'action du couple et $\vec{n}$ est le vecteur unitaire normal au contour spécifié. Cette méthode est directe et nécessite qu'une seule solution du champ pour calculer le couple pour une position rotorique donnée. Par ailleurs, le temps de calcul par cette méthode est plus faible que par la méthode du travail virtuel. C'est également la méthode la plus utilisée pour le calcul du couple électromagnétique dans les machines tournantes.

### II.5.3. Calcul du couple avec lineintegral du logiciel FEMM

La troisième méthode quant à elle s'utilise simplement en plaçant un contour circulaire fermé au centre de l'entrefer. Ainsi, à chaque position du rotor, nous calculons le couple de détente le long de ce contour en utilisant l'instruction **lineintegral** du logiciel FEMM.

## II.6. Conclusion

Dans ce chapitre, nous avons présenté un modèle magnétostatique à deux dimensions de la machine synchrone à aimants permanents en nous appuyant sur les équations de Maxwell. La présentation de la méthode des éléments finis a également été faite d'une manière brève en partant du principe de celle-ci jusqu'à la méthode d'utilisation de l'un des logiciels de calcul de champs par éléments finis FEMM. Ce dernier est un logiciel complet permettant de générer la géométrie, l'affectation des matériaux, le maillage, l'application des conditions aux limites et la résolution des équations issues de la discrétisation du domaine d'étude. Par ailleurs, nous avons présenté les différentes structures classiques de machines synchrones à aimants permanents étudiées dans le but de déterminer l'influence de la disposition des aimants au rotor sur les paramètres électromagnétiques de celles-ci. Le chapitre suivant fera l'objet du choix d'une structure de MSAP donnée pour l'étude d'optimisation en vue de la production du couple de détente.

# CHAPITRE III: CHOIX D'UNE ARCHITECTURE DE MSAP EN VUE DE LA PRODUCTION DU COUPLE DE DETENTE

## III.1. Introduction

Dans ce chapitre, nous allons présenter quelques résultats issus des simulations des structures classiques de machine synchrone à aimants permanents données au chapitre précédent, en tenant compte du phénomène de saturation magnétique des feuilles de tôles utilisées. Cette étude s'inscrit dans le cadre de la justification du choix que nous allons porter sur une structure donnée de MSAP pour l'étude d'optimisation. L'objectif ici est de mettre en évidence l'influence de la disposition des aimants au rotor de la machine synchrone à aimants permanents sur les paramètres électromagnétiques de celle-ci.

## III.2. Analyse de la machine synchrone à aimants montés en surface

Comme nous l'avons dit dans le premier chapitre, la MSAP montée en surface du rotor est considérée comme une machine à inducteur lisse du fait de son entrefer constant. Dans cette section, nous allons présenter quelques résultats obtenus de la simulation de cette structure de machine.

### III.2.1. Cartographie des lignes de champ

La seule source du champ est constituée par les aimants permanents qui sont faits de **NdFeB**. La cartographie des lignes de champ est illustrée sur la **Figure III.1**, pour deux positions distinctes du rotor. Ces états magnétiques justifient par ailleurs les dimensions géométriques (**tableau Annexes A1**) utilisées pour la simulation de cette structure de MSAP vue le niveau de saturation des matériaux utilisés.

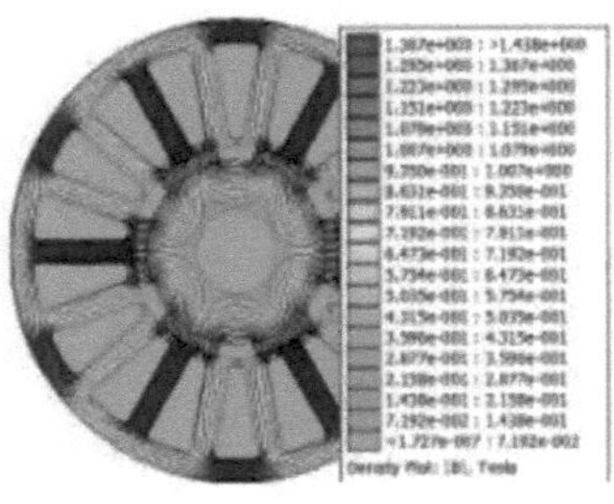

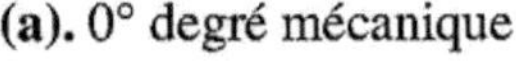

**(a).** 0° degré mécanique

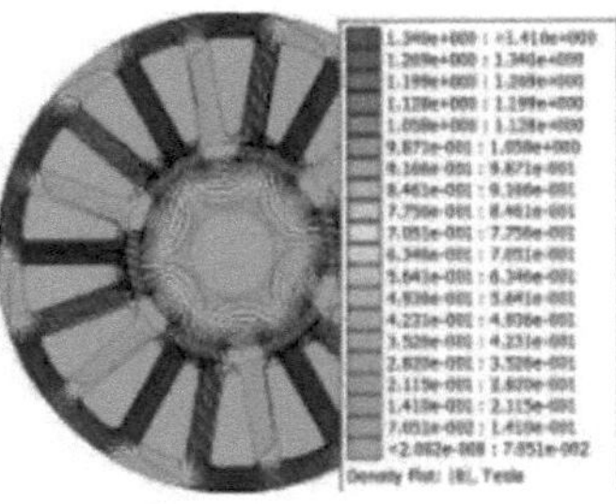

**(b).** 7° mécanique

**Figure III.1** : Cartographie des lignes de champ de la MSAP montés en surface

Nous remarquons à partir de ces figures que la symétrie des lignes de champ change avec la position du rotor ; l'orientation des lignes de champ dépend donc de la position des aimants qui sont sources du flux.

### III.2.2. Allures du flux et de la f.é.m. à vide

En appliquant la méthode illustrée à la section **II.3** du chapitre précédent, nous obtenons l'allure du flux dans chaque phase des enroulements statoriques donnée à la **Figure III.2**. La dérivée de ces allures par rapport à la position électrique tel qu'illustrée à la section **II.4** du chapitre précédent nous donne l'allure de la f.é.m. à vide sur une période électrique de la machine en fonction de la position électrique du rotor, représentée à la **Figure III.3**. Nous avons associé à la f.é.m. son spectre harmonique, spectre pour lequel la méthode de calcul utilisée est donnée en **annexe B**.

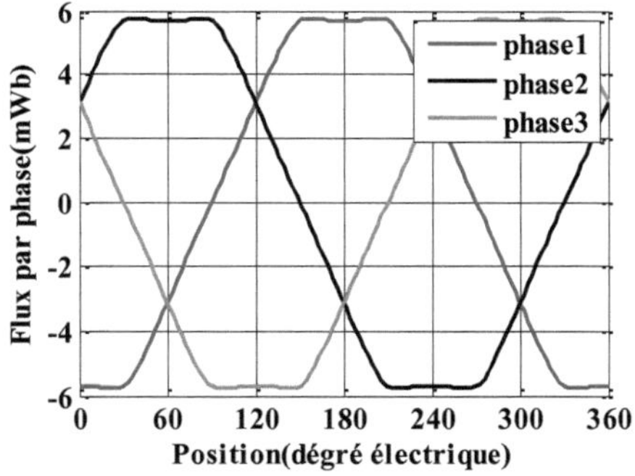


**Figure III.2** : Allure du flux de la MSAP montés en surface

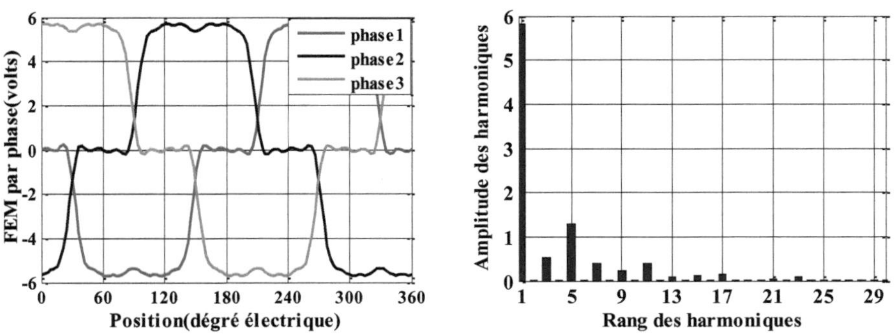


**Figure III.3 :** Allure de la f.é.m. de la MSAP montés en surface et harmoniques

De ces figures, l'on déduit directement à quelle catégorie appartient la machine étudiée. Pour notre cas de figure, nous avons à faire à une MSAP à f.é.m.

trapézoïdale. Nous remarquons l'effet de l'ouverture d'encoche sur l'allure de la f.é.m. à vide, ceci s'explique par la présence des ondulations sur celle-ci. Ces ondulations peuvent être réduites en augmentant l'épaisseur de l'entrefer, mais cela réduirait le couple de détente produit par la machine.

L'analyse harmonique de la f.é.m. à vide montre que les harmoniques de rang paires ont été anéanties. Cela s'explique par le fait que les conducteurs « aller » et « retour » d'une même phase sont placés dans deux encoches statoriques diamétralement opposés. Toutefois, l'on note la présence de l'harmonique de rang **5** avec une amplitude non négligeable ; celle-ci peut être réduite en diminuant l'ouverture entre les plots, cela induirait une diminution de l'amplitude du couple de détente.

### III.2.3. Couple de détente

Une des finalités de la plupart des calculs numériques du champ électromagnétique dans les machines électriques est la détermination du couple. Nos analyses se faisant à l'absence du courant dans les enroulements statoriques, le couple calculé est donc le **couple de détente**.

Notre recherche visant à produire un couple de détente capable de tenir une certaine quantité de charge à l'absence du courant dans les enroulements statoriques, il nous convient de rappeler que les positions d'équilibre stables du couple de détente sont situées sur les zones de pentes négatives de l'allure de celui-ci [18], tel qu'illustré à la **Figure III.4**, et obéissant à l'équation suivante :

$$\boldsymbol{\Gamma_{arbre} = \Gamma_{charge}}\ ; \quad \text{Avec } \frac{\boldsymbol{d\Gamma_{arbre}}}{\boldsymbol{dt}} < \boldsymbol{0} \qquad \textbf{(III.1)}$$

Les points marqués sur la figure précédente sont quelques correspondants au couple de maintien. Ces points correspondent à la valeur du couple de charge que la machine pourra tenir en absence du courant dans les enroulements statoriques [18]. L'objectif est de rapprocher ces points tout en maintenant une forme assez importante de l'allure du couple de détente. Il nous convient de rappeler ici que la valeur du couple de détente aux positions d'équilibre stable doit être aussi importante ; car c'est elle qui permettra de prédire la quantité de couple de charge que la machine pourra tenir à l'absence du courant dans les enroulements statoriques.

En utilisant les méthodes détaillées au paragraphe **II.5** du chapitre précédent, nous obtenons les allures du couple de détente données à la **Figure III.5** avec un zoom sur celles-ci.

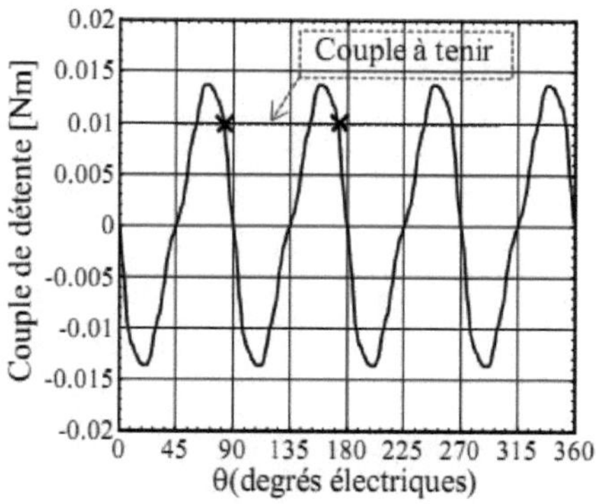


**Figure III.4 :** Exemple d'allure du couple de détente **[18]**

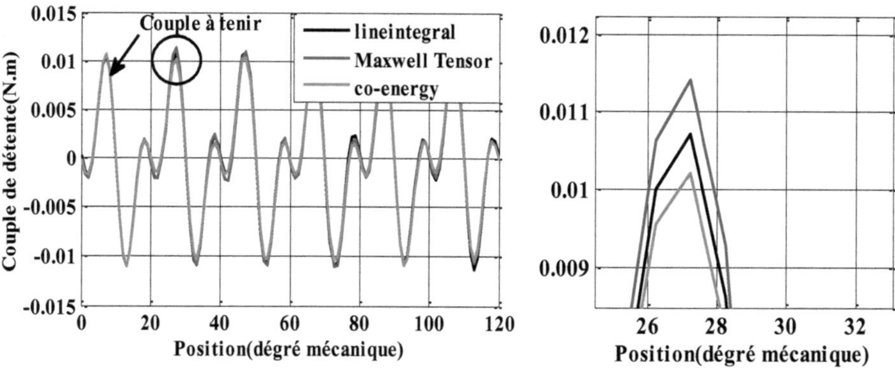


**Figure III.5 :** Allure du couple détente de la MSAP montés en surface

Nous observons un léger décalage entre les allures du couple de détente obtenus par trois méthodes différentes tel que nous le montre le zoom associé. La faible différence qui existe entre ces courbes (environ **0,0015 N.m**) est due au fait que certaines des méthodes de calcul utilisées à l'instar de la méthode du travail virtuel, tiennent compte des flux de fuite au niveau du rotor. Pour la suite, nous allons utiliser la méthode du tenseur de Maxwell pour le calcul du couple de détente car cette méthode ne nécessite qu'un seul calcul de champ pour la détermination du couple, et donc un temps de calcul faible par rapport aux autres méthodes.

La valeur du couple de détente est faible, avec une amplitude maximale d'environ **0,012 N.m** (moins de **0,008 N.m** au niveau du couple à tenir). Ce résultat était déjà prévisible car l'entrefer magnétique de cette structure de machine est grand du fait que les aimants, de perméabilité magnétique proche de celle de l'air, sont placés sur la surface du rotor.

Nous remarquons que la raideur des positions d'équilibre stable (**zones de pente négative**) est importante, mais les ondulations observées peuvent créer une instabilité lors du positionnement d'une quelconque charge à l'absence du courant dans les enroulements statoriques. La valeur du couple de maintien, repéré par **''couple à tenir''** correspond au couple charge que la machine pourra tenir à en absence du courant d'alimentation; par ailleurs, l'angle séparant deux positions d'équilibre stable nous donne également une précision sur l'écart de déséquilibre que nous pouvons envisager. Pour cette machine, cet angle est d'environ **20°** mécanique (**période du couple de détente obtenu**).

### III.3. Analyse de la machine synchrone à aimants enterrés

L'analyse de ce type de machine permettra de dégager les différences remarquables entre les paramètres électromagnétiques de celle-ci et ceux de la machine synchrone à aimants permanents montés en surface étudiée dans la section précédente.

#### III.3.1. Carte magnétique de la machine

La cartographie des lignes de champ sur une coupe transversales de cette machine est illustrée sur la **Figure III.6** pour deux positions distinctes du rotor.

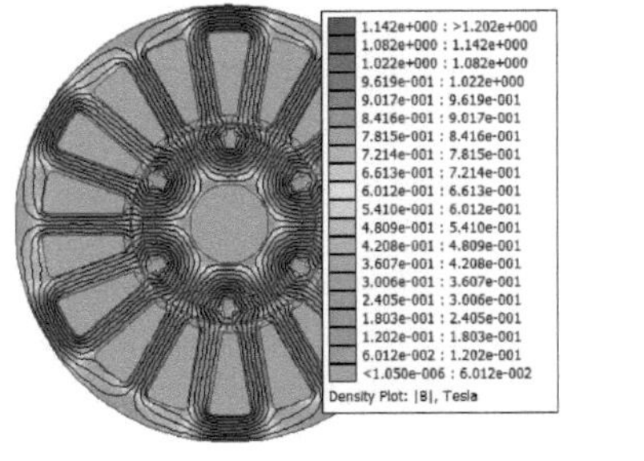


**θ=0°** mécanique

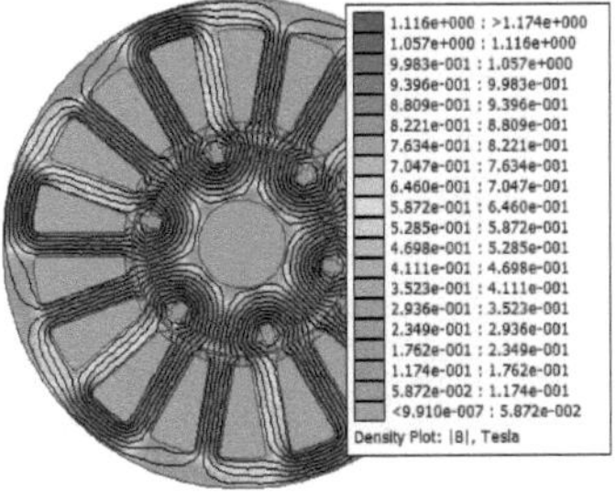


**θ=17°** mécanique

**Figure III.6 :** Cartographie des lignes de champ de la MSAP enterrés

De ces figures, nous remarquons qu'à la position **θ=0°** mécanique, la répartition de l'induction magnétique est homogène sur tous les plots de la machine. Cette position est celle de la répartition minimale de l'induction magnétique. De la même manière, lorsque l'on tourne le rotor à la position **θ=17°** mécanique, La répartition de l'induction est plus intense sur certains plots que sur d'autres, c'est une position de la répartition maximale de l'induction; ce qui justifie les valeurs des paramètres dimensionnels utilisée dans le **tableau annexe A.1** pour la simulation de cette machine.

### III.3.2. F.é.m. à vide

En appliquant à nouveau les méthodes données aux sections **II.3** et **II.4** du chapitre précédent, nous obtenons les allures du flux et de la f.é.m. à vide associé à son spectre harmonique, dans chaque phase de la machine en fonction de la position du rotor sur une période électrique. Les allures obtenues sont données à la **Figure III.7** et la **Figure III.8**.

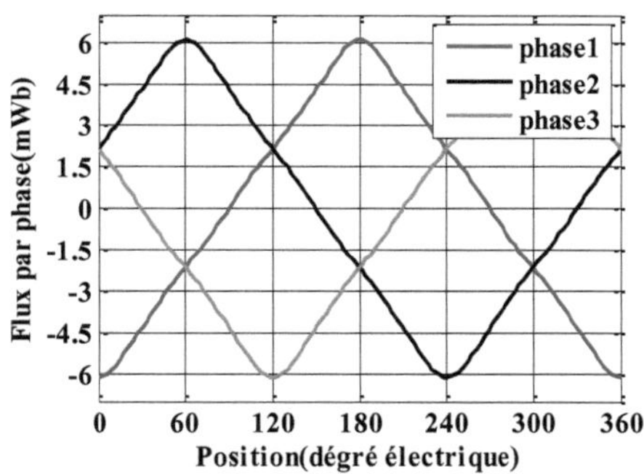


**Figure III.7 :** Allures du flux à vide de la MSAP enterrés

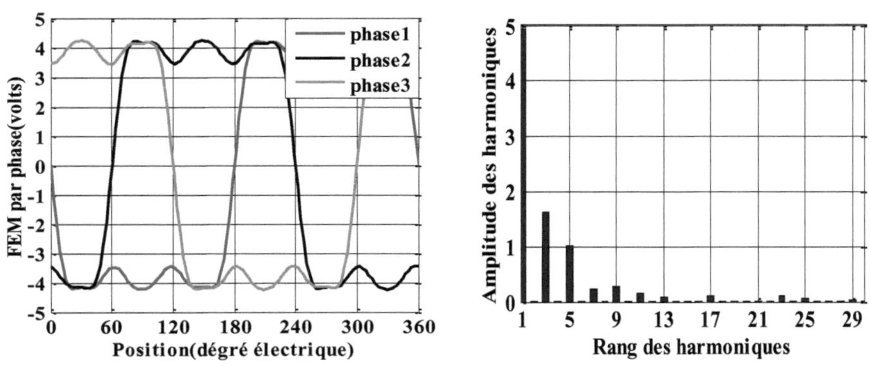


**Figure III.8 :** F.é.m. à vide de la MSAP enterrés et harmoniques

De la **Figure III.8** donnant la f.é.m. à vide, l'on classe cette machine dans la catégorie des MSAP à f.é.m. trapézoïdale. Sur cette allure, nous remarquons l'effet de l'ouverture d'encoche produisant les ondulations sur la forme des courbes obtenues et aussi la faible diminution de l'amplitude par rapport à la MSAP précédente. De même, ayant placé les conducteurs « aller » et « retour » d'une même phase dans les encoches diamétralement opposées, les harmoniques de rang pair ont disparue de l'analyse harmoniques de la f.é.m. Toutefois, l'on note la présence des harmoniques de rang **3** et **5** qui ont une amplitude non négligeable. La diminution de l'amplitude de ces harmoniques peut se faire en augmentant l'épaisseur de l'entrefer ou encore en diminuant l'angle d'ouverture entre les plots. Parallèlement cette action réduirait le couple de détente produit par la machine.

### III.3.3. Allure du couple de détente

Le couple de détente est calculé en utilisant la méthode du tenseur de Maxwell. L'allure obtenue est donnée à la **Figure III.9**.

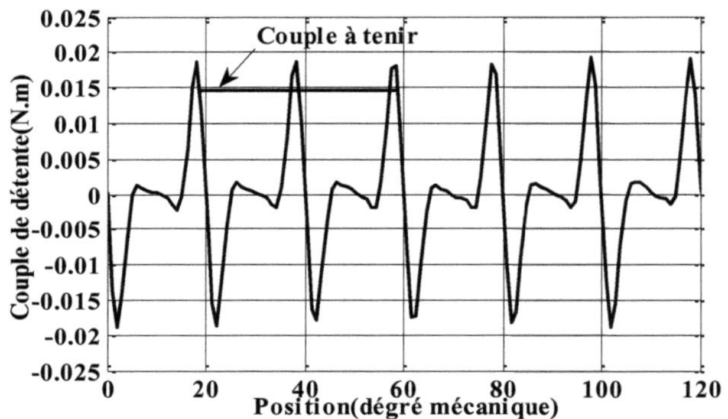


**Figure III.9 :** Allure du couple de détente de la MSAP enterrés

La valeur du couple de détente est plus élevée que pour la MSAP montés en surface ; son amplitude est de **0,018 N.m** environ, avec une valeur d'environ **0,015 N.m** au niveau du couple à tenir. Ces mêmes résultats ont été obtenus dans [9]. Sur cette allure du couple de détente, nous remarquons que, en plus du fait que l'amplitude de celui-ci soit élevée, la raideur des positions d'équilibre stable (zones de pente négative) est aussi élevée. Ceci est d'une importance capitale lors de la conception des équipements d'entraînement électrique pouvant servir dans les applications de positionnement.

## III.4. Analyse de la machine synchrone à aimants à concentration de flux

La MSAP à concentration de flux fait partie des structures de MSAP pour lesquelles l'induction magnétique est plus forte dans l'entrefer. Dans cette section, nous allons présenter quelques résultats obtenus de la simulation de cette structure de machine.

### III.4.1. Carte magnétique de la machine

La cartographie des lignes de champ est donnée sur la **Figure III.10** pour deux positions distinctes du rotor.

Sur ces figures, nous remarquons qu'à la position **θ=0°** mécanique, la répartition de l'induction magnétique est plus intense sur certains plots et nulle sur d'autres ; cela est due au fait qu'à cette position, les lignes de champ issues d'un aimant ne traversent que deux plots statoriques. Par ailleurs, en positionnant le rotor à **θ=7°** mécanique, les lignes de champ issues d'un aimant se referment à travers quatre plots statoriques voisins les uns des autres ; ce qui entraine la répartition de l'induction magnétique sur tous les plots, ce qui justifie par ailleurs les valeurs des paramètres dimensionnels retenues dans le **tableau annexe A.1.**

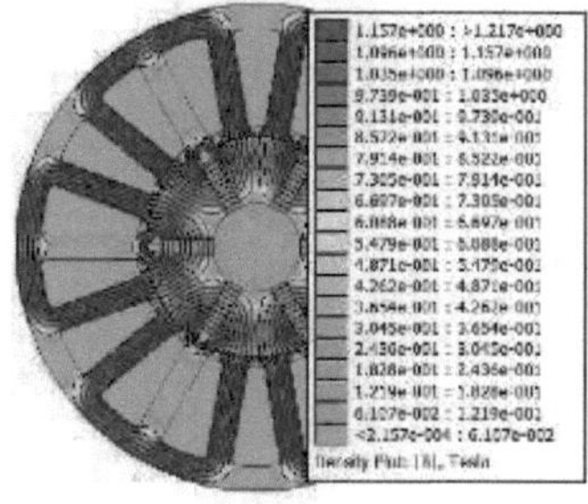

**(a).** 0° mécanique

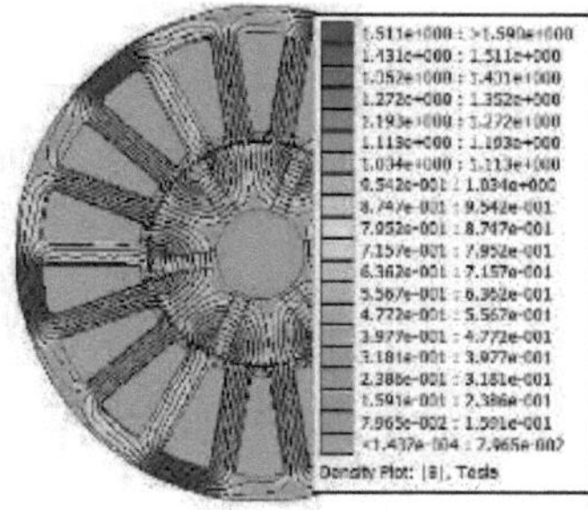


**(b).** 17° mécanique

**Figure III.10 :** Cartographie des lignes de champ de la MSAP à concentration de flux

### III.4.2. Allures du flux et de la f.é.m. à vide

Les allures du flux et de la f.é.m. à vide associé à son spectre harmonique sont données à la **Figure III.11** et la **Figure III.12**.

La f.é.m. à vide produite par la machine est de la forme trapézoïdale, bien que les ouvertures d'encoches créent des ondulations sur l'allure de celle-ci. L'on remarque comme dans le cas des machines précédentes l'absence des harmoniques de rang paire sur le spectre harmonique de la f.é.m. à vide obtenue du au fait que les conducteurs « **aller** » et « **retour** » d'une même phase sont placés dans les encoches diamétralement opposées. Toutefois, l'on note la présence des harmoniques de rang **3** et **5** dont l'amplitude est non négligeable.

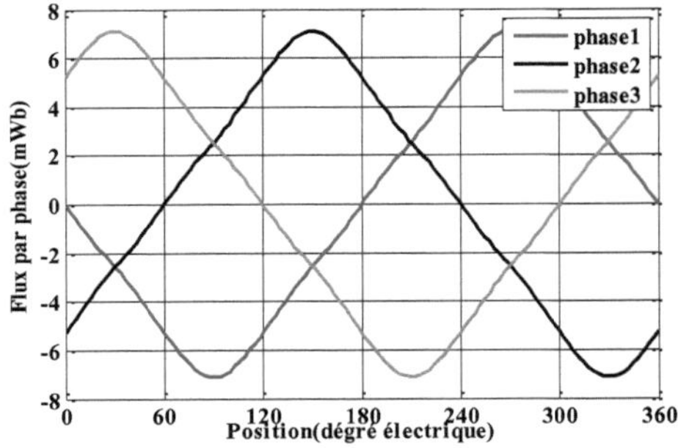


**Figure III.11 :** Allure du flux de la MSAP à concentration du flux

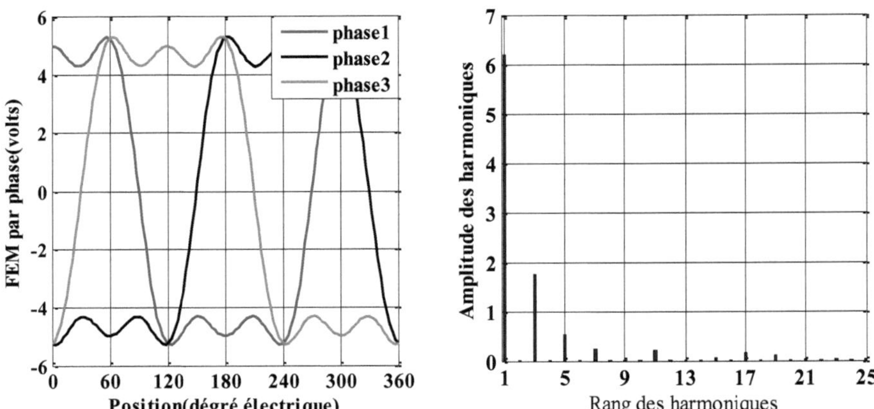


**Figure III.12 :** Allure de la f.é.m. à vide de la MSAP à concentration de flux et harmoniques

### III.4.3. Couple de détente

L'allure du couple de détente calculé sur une période électrique, en utilisant uniquement la méthode du tenseur de Maxwell, est donnée à la **Figure III.13**. L'amplitude du couple de détente obtenue est d'environ **0,0175 N.m**. Cette allure a également été obtenue dans [13].

Notons ici que la raideur des positions d'équilibre stable (zones de pente négative) est élevée. Sur une période du couple de détente, l'on observe plusieurs maxima; ce qui augmente le nombre de position d'équilibre stable (zones de pente négative) et partant, la résolution en termes de capacité de la machine à tenir une certaine quantité de couple charge en absence de courant dans les enroulements statoriques, avec une précision élevée que celle des autres machines étudiées précédemment.

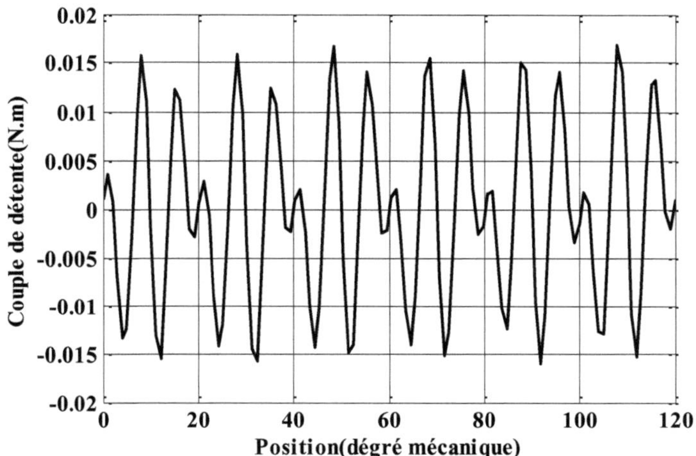


**Figure III.13 :** Allure du couple de détente de la MSAP à concentration de flux

Le **Tableau III.1** donne la récapitulation de tous les résultats précédemment obtenus pour toutes les structures classiques de MSAP étudiées.

Comme nous l'avons dit précédemment, l'objectif de notre étude est de déterminer une structure adéquate de la MSAP ayant un couple de détente élevé. A cet effet, nous avons étudié les différentes structures de MSAP classiques afin de justifier le choix que nous allons porter sur certaines structures dans le but de l'étude paramétrique avec dentures au rotor et au stator.

**Tableau III.1 :** Récapitulatif des résultats obtenus pour les structures classiques de MSAP

| | **MSAP montés en surface** | **MSAP enterrés** | **MSAP à concentration de flux** |
|---|---|---|---|
| **Forme de la f.é.m. à vide** | Trapézoïdale | Trapézoïdale | Trapézoïdale |
| **Amplitude de la f.é.m. (V)** | 5.8 | 4.2 | 5.2 |

| **Amplitude du couple de détente (N.m)** | 0.012 | 0.018 | 0.0175 |
|---|---|---|---|
| **Nombre de maximum du couple de détente par période mécanique** | 01 | 01 | 02 |
| **Raideur des positions d'équilibre** | Elevée | Elevée | Elevée |
| **Entrefer magnétique** | Grande | Faible | Faible |

### III.5. Production du couple de détente

Au vue des différents résultats de simulations que nous avons présentés, nous observons l'influence assez remarquable de la disposition des aimants au rotor sur l'allure du couple de détente. Comme nous l'avons décrit précédemment, ce couple de détente est l'un des paramètres qui contribue aux ondulations du couple électromagnétique produit par la machine ; et donc, il est nécessaire de le minimiser pour la plupart des applications. Cependant, dans les applications de positionnement, ce couple s'avère important pour mémoriser une position donnée à l'absence du courant dans les enroulements statoriques ; cela permet donc par ailleurs une économie d'énergie.

Pour produire le couple de détente, il est possible d'augmenter le nombre de plots statoriques ; mais cette action serait limitée par la taille de la machine. Afin de palier à cette limite, nous allons réaliser des dents au rotor et au stator tel que présenté dans [18].

De l'observation du **Tableau III.1**, il ressort que, pour l'objectif de la production du couple de détente, la MSAP montés en surface n'est pas favorable non seulement du fait que l'amplitude du couple de détente obtenue est faible (cela était déjà prévisible car son entrefer magnétique est élevé, dû à la présence des aimants sur la surface du rotor), mais aussi et surtout du fait de la structure géométrique du rotor défavorable à la réalisation des dents. Les structures classiques de MSAP qui pourront satisfaire à notre objectif de production du couple de détente sont celle à aimants enterrés et celle à aimants à concentration de flux. En remarquant le nombre de maxima sur l'allure du couple de détente obtenu pour ces deux structures de machines synchrones à aimants permanents, il est préférable de choisir celle à concentration de flux pour la raison qu'elle présente plusieurs maximums sur une période du couple de détente ; et donc une grande résolution.

Dans la suite de nos analyses, la machine synchrone à aimants permanents à concentration de flux fera l'objet d'une étude paramétrique d'optimisation de la structure en vue de la production du couple de détente. La **Figure III.14** montre un exemple de la coupe transversale de la machine synchrone à aimants permanents à concentration de flux, dentées réalisées en vue de l'étude d'optimisation, avec **2** dents par plots statoriques et **36** dents au rotor.

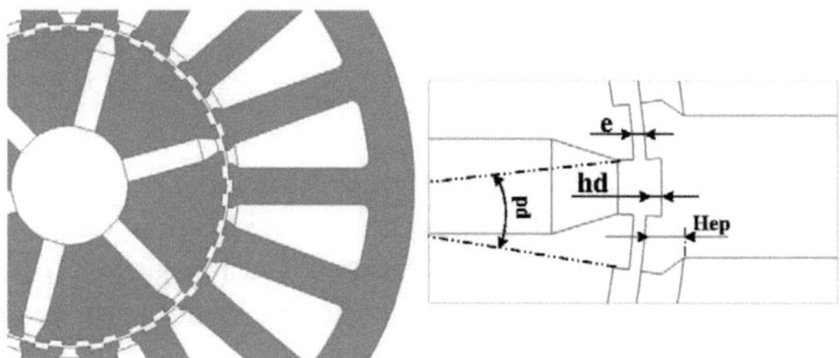


**Figure III.14 :** Une partie de la coupe transversale de la MSAP à concentration de flux dentée

La **Figure III.15** montre un exemple de maillage réalisé sur la MSAP à concentration de flux avec dentures au rotor et sur les plots statoriques. Nous avons également mis en évidence le maillage affiné au niveau de l'entrefer en faisant un zoom sur celui-ci tel que présenté.

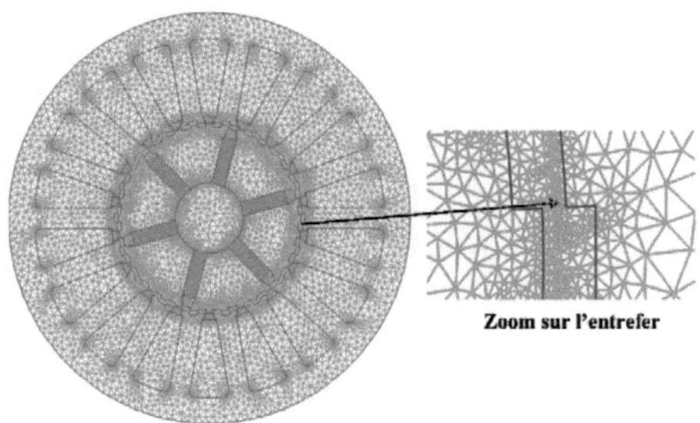


**Figure III.15 :** Maillage de la MSAP à concentration de flux avec dentures

Nous rappelons par ailleurs que dans la suite de ce travail, le nombre de dents au rotor sera équi-reparti sur les angles inter-polaires rotoriques afin que la distribution des lignes de champs au sein des feuilles de tôles utilisées le soit également. Ce qui se traduit par l'équation suivante :

$$\mathbf{N_{dr} = kN_a} \qquad \textbf{(III.2)}$$

Avec

$\mathbf{N_{dr}}$: Nombre de dents au rotor

$\mathbf{N_a}$: Nombre d'aimants

**k :** Entier naturel

## III.6. Conclusion

Dans ce chapitre, nous avons présenté quelques résultats des paramètres électromagnétiques des structures classiques de MSAP. Les discussions sur ces paramètres ont été faites en vue de la justification du choix que nous portons sur une configuration de la machine synchrone à aimants permanents donnée pour la production du couple de détente. Ainsi, la machine synchrone à aimants permanents à concentration de flux a été retenue du fait de la forme de son rotor favorable à la réalisation des dents, mais aussi et surtout pour la résolution qu'elle présente sur une période du couple de détente généré. Dans la suite de notre travail, nous allons présenter les résultats obtenus de l'analyse de la machine synchrone à aimants permanents à concentration de flux à rotor et plots statoriques dentés. Ces études s'inscrivent dans le but de la détermination de quelques relations empiriques entres les différents paramètres dimensionnels de la structure dentée réalisée, pouvant conduire à une forme acceptable de l'allure du couple de détente capable de servir dans les applications de positionnement, en absence du courant dans les enroulements statoriques.

# CHAPITRE IV: RESULTATS DE L'ANALYSE DE LA MSAP CONCENTRATION DE FLUX A ROTOR ET PLOTS STATORIQUES DENTES

## IV.1. Introduction

Dans ce chapitre, nous allons présenter les différentes courbes des paramètres électromagnétiques obtenus lors de la simulation de la machine synchrone à aimants permanents à structure dentée, en tenant compte de la saturation magnétique des feuilles de tôles utilisées. Les discussions sur les résultats obtenus se feront afin de retenir ceux des paramètres qui correspondent le mieux à notre objectif énoncé dans le chapitre précédent. Ainsi, nous proposerons quelques relations empiriques entre les paramètres dimensionnels de la machine, pouvant permettre de produire un couple de détente important en forme, en période et en amplitude (couple de maintien), capable de tenir une certaine quantité de couple de charge en absence du courant dans les enroulements statoriques, en vue de leur utilisation dans les applications de positionnement.

## IV.2. Cartographie des lignes de champ pour 36 dents au rotor et 2 dents par plot statorique

La cartographie des lignes de champ obtenue lors des simulations est donnée sur la **Figure IV.1** pour une position donnée du rotor.

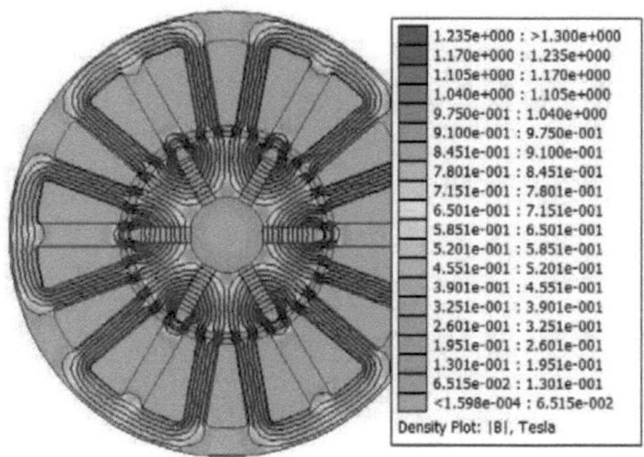


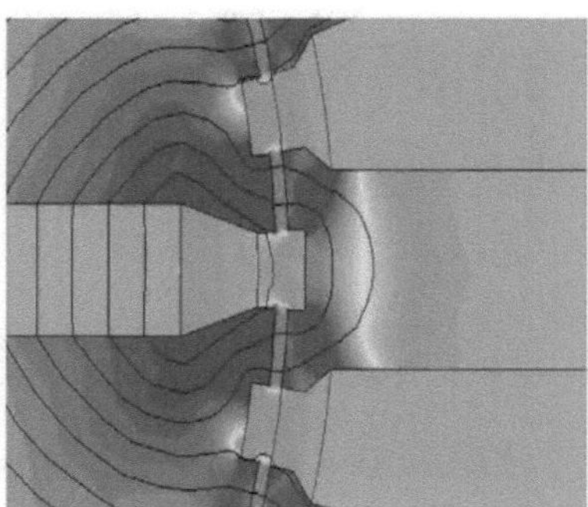

**Figure IV.1** : Vue en coupe de la cartographie magnétique pour 36 dents au rotor et deux dents par plot statorique à 0° mécanique

De ces figures, l'on met en exergue les phénomènes qui se produisent dans les feuilles de tôles utilisées, lorsque toutes les dents au rotor sont placées en face des dents statoriques. Pour cette carte magnétique de la machine, nous avons fixé le pas dentaire au rotor égal à celui au stator ; ainsi, nous constatons qu'à cette position du rotor, la saturation au niveau des dentures est élevée. Nous remarquons que la distribution des lignes de champ dans les feuilles de tôles utilisées est équi-repartie sur les angles polaires rotoriques justifiant ainsi le choix d'un nombre de dents multiple du nombre d'aimants au rotor.

## IV.3. Influence du nombre de dents au rotor sur quelques paramètres électromagnétiques de la machine

Afin de mettre en évidence l'influence du nombre de dents au rotor sur le couple de détente, nous allons fixer tous les autres paramètres à faire varier à une constante quelconque. Ainsi, nous fixons la hauteur de la dent ($\mathbf{h_d}$) à **0,5 mm** et le ratio angle de la dent sur pas dentaire ($\boldsymbol{\tau_d}$) à **0.5.** L'épaisseur de l'entrefer est fixée à **0,35 mm**.

### IV.3.1. Effet sur le couple de détente

Les courbes de la **Figure IV.2** sont obtenues en faisant varier le nombre de dents au rotor de **18** à **54**. Les simulations ont été faites avec **2** dents par plot statorique.

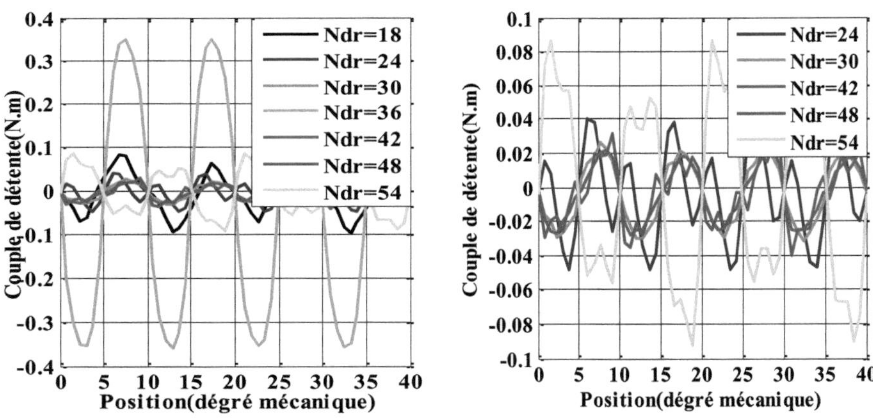


**Figure IV.2 :** Influence du nombre de dents au rotor sur le couple de détente et extraction de quelques courbes

L'observation des figures ci-dessus montre que pour certaines valeurs du nombre de dents au rotor, le couple de détente est important du fait que la raideur de leurs postions d'equilibre stables (zones de pente négative) est élevée, tandis que pour d'autres, le couple de détente possède des zones d'instabilités. Nous remarquons par ailleurs que le couple de détente est important, avec une amplitude d'environ **0,35 N.m** (soit environ **20** fois celui obtenu pour la même machine mais sans dentures), lorsque le nombre de dents au rotor est égal à celui au stator ($\mathbf{N_{dr}} =$ **36**) ; ce qui nous permet de dégager une première relation entre le nombre de dents au rotor, le nombre dents par plot statorique et le nombre de plot au stator :

$$\mathbf{N_{dr} = N_{dps} N_p} \qquad \textbf{(IV.1)}$$

Avec :

$\mathbf{N_{dr}}$ : Nombre de dents au rotor

$\mathbf{N_{dps}}$ : Nombre de dents par plot statorique

$\mathbf{N_p}$ : Nombre de plot statorique

Ainsi, des relations (III.2) et (IV.1), nous déterminons l'expression de l'entier naturel **k** :

$$\mathbf{k = \frac{N_{dps} N_p}{N_a}} \qquad \textbf{(IV.2)}$$

Au niveau du point du couple de maintien, pour 36 dents au rotor, l'on lit une valeur d'environ **0,22 N.m** équivalent au couple que la machine pourra supporter en absence du courant d'alimentation.

Sur cette même figure, l'on présente l'extraction des allures obtenues pour certaines valeurs du nombre de dents au rotor, l'objectif étant de mettre en évidence les phénomènes qui s'y produisent. Nous remarquons que le couple de détente obtenu pour **18** et **42** dents au rotor présentent des allures acceptables, mais leur amplitude est faible.

La conclusion que nous tirons ici c'est que le nombre de dent au rotor influence la forme de l'allure du couple de détente ainsi que son amplitude.

### IV.3.2. Influence sur la f.é.m. à vide

Afin de retenir une valeur du nombre de dents au rotor pour la suite de nos analyses, il nous incombe de présenter l'influence de celui-ci sur l'allure de la f.é.m. à vide. La **Figure IV.3** nous montre l'allure de la f.é.m. à vide de la phase 1 calculée sur une période électrique, et associée à son analyse harmonique pour quelques valeurs du nombre de dents au rotor.

De l'observation de la **Figure IV.3**, nous remarquons que l'allure de la f.é.m. présente des ondulations plus accrues pour certaines valeurs du nombre de dents au rotor que pour d'autres telles que nous le montre l'analyse harmonique. Ces ondulations peuvent être réduites en diminuant la hauteur des dents, tout en augmentant l'épaisseur de l'entrefer. L'absence de certaines allures est due au fait qu'elles sont presque identiques à celles présentées (à l'exemple de **36** dents et **42** dents).

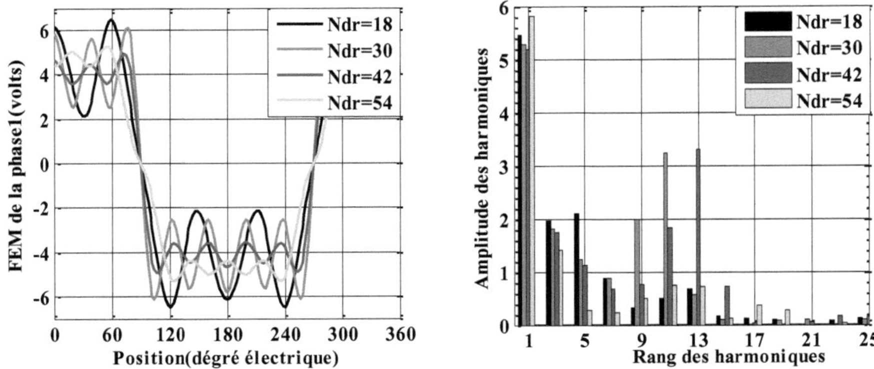


**Figure IV.3:** Effet du nombre de dents au rotor sur la f.é.m. à vide et harmoniques

L'objectif étant de produire le couple détente, nous allons dans la suite de l'analyse de cette machine, fixer le nombre de dents au rotor à **36** (puisque le nombre de dents par plot statorique reste inchangé), car ce nombre de dents permet de produire un couple de détente ayant une allure acceptable et une f.é.m. moins ondulée.

## IV.4. Influence du ratio angle de la dent sur pas dentaire au rotor et au stator, sur les paramètres de la machine

Le nombre de dents au rotor étant fixé à **36** et la hauteur de la dent à **0,5 mm**, nous allons mettre ici en évidence l'influence du ratio angle de la dent sur pas dentaire ($\boldsymbol{\tau_d}$).

### IV.4.1. Effet sur couple de détente

Les résultats de la **Figure IV.4** représentent les allures du couple de détente obtenues en faisant varier $\boldsymbol{\tau_d}$ de **0,1** à **0,7** par pas de **0,1**.

De l'observation de cette figure, il ressort que pour certaines valeurs de $\tau_d$ (à l'exemple de **0,3** et **0,4**), le couple de détente est élevé. Ceci est dû au fait que pour ces valeurs, le flux de fuite au rotor est faible, entraînant par la même occasion un niveau d'induction élevé dans l'entrefer. Ainsi donc, la force d'attraction entre les dents au rotor et ceux au stator est plus élevée. Disons ici que la valeur maximale du couple de détente est aussi élevée que pour le cas précédent (environ **0,45 N.m**) avec environ **0,36 N.m** au niveau du point du couple à supporter par la machine en absence de courant dans les enroulements statoriques. La période du couple de détente est de **10° mécanique** pour toutes les valeurs de $\tau_d$ utilisées pour la simulation. Remarquons également ici que l'amplitude du couple de détente croît pour $\tau_d$ allant de **0,1** à **0,3**. Par ailleurs, cette amplitude décroit pour $\tau_d$ allant de **0,4** à **0,7** ; ce qui induit que la valeur limite de $\tau_d$ est située entre **0,3** et **0,4**.

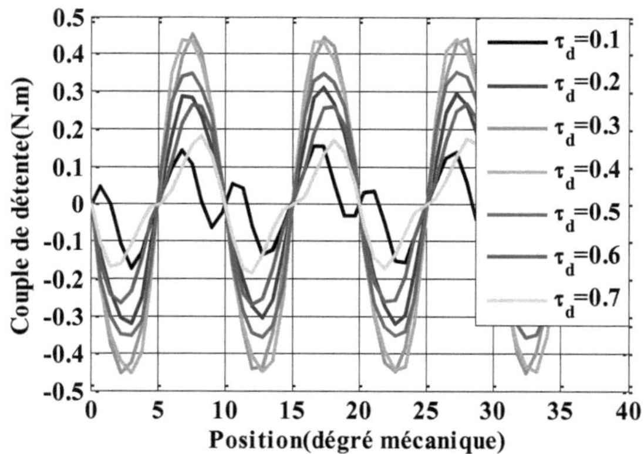


**Figure IV.4 :** Influence du ratio angle de la dent par pas dentaire sur le couple de détente produit

### IV.4.2. F.é.m. à vide

La **Figure IV.5** représente les allures de la f.é.m. à vide obtenues et associées à quelques spectres harmoniques pour quelques valeurs de $\tau_d$.

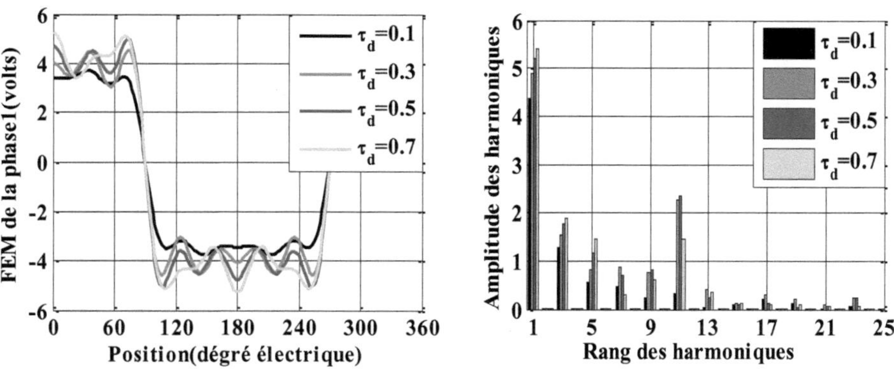


**Figure IV.5 :** Effet du ratio angle de la dent par pas dentaire sur l'allure de la f.é.m. à vide

De l'observation de la **Figure IV.5**, nous remarquons la faible influence sur la f.é.m. à vide pour $\tau_d = 0,1$, tel que nous le confirme l'analyse harmonique (pour presque tous les rangs, l'amplitude des harmoniques est faible par rapport aux autres). Ceci est simplement dû au fait que pour cette valeur de $\tau_d$, les encoches rotoriques et statoriques sont magnétiquement grandes ; ce qui augmente l'entrefer magnétique de la machine. D'où la réduction de l'amplitude de la f.é.m. (environ **4 Volts** contre **5,8 Volts** pour les autres) et partant la filtration des ondulations sur celle-ci avec la réduction de l'amplitude du couple de détente.

Dans la suite de nos analyses, nous fixons le ratio angle de la dent sur par dentaire au rotor à **0.5** (d'autres valeurs peuvent être choisies à l'instar de **0,2**, **0,3** et **0,4**) car pour cette valeur, le couple de détente produit présente une forme acceptable et par ailleurs, l'influence sur la f.é.m. n'est pas très accrue, ceci afin de mettre en évidence l'influence de la hauteur de la dent au rotor et au stator sur quelques paramètres électromagnétiques; les autres paramètres restants inchangés.

## IV.5. Influence de la hauteur de la dent sur les paramètres de la machine

Le nombre de dents au rotor et le ratio angle de la dent sur pas dentaire étant choisis, nous allons à présent étudier l'influence de la hauteur de la dent ($\mathbf{h_d}$), sur le couple de détente et la f.é.m. à vide.

### IV.5.1. Couple de détente

La **Figure IV.6** présente les allures du couple de détente obtenues pour $\mathbf{h_d}$ allant de **0,1mm** à **0,7mm**.

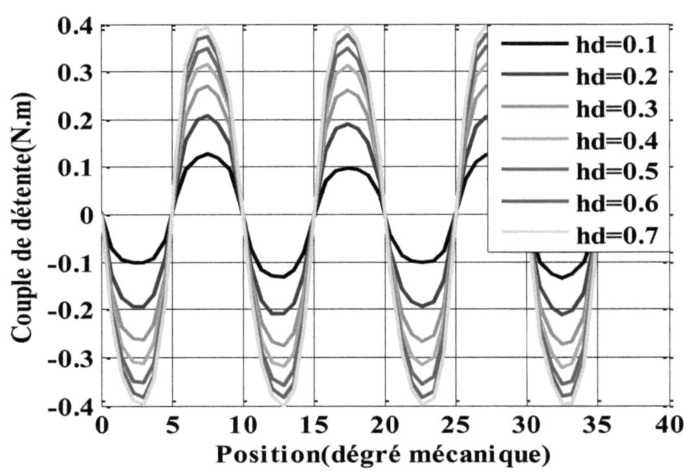


**Figure IV.6 :** Influence de la hauteur de la dent sur le couple de détente

L'observation de cette figure montre que la hauteur de la dent influe sur l'amplitude du couple de détente. Toutefois, l'on remarque que la différence entre le maximum du couple détente obtenu pour $\mathbf{h_d}$= **0.6mm** et celui pour $\mathbf{h_d}$= **0.7mm** est faible. Nous pouvons donc conclure qu'à partir de cette valeur de $\mathbf{h_d}$ **(0,7mm)**, le couple de détente reste presque invariable. Exceptée l'allure obtenue pour $\mathbf{h_d} = \mathbf{0.1}$, toutes les autres allures présentent des formes assez acceptables, mais nous allons retenir seulement ceux qui influencent le moins l'allure de la f.é.m. à vide.

### IV.5.2. Influence sur la f.é.m. à vide

La **Figure IV.7** donne l'allure de la f.é.m. à vide obtenue pour quelques valeurs de la hauteur de la dent, ainsi que le résultat de l'analyse harmonique de celle-ci.

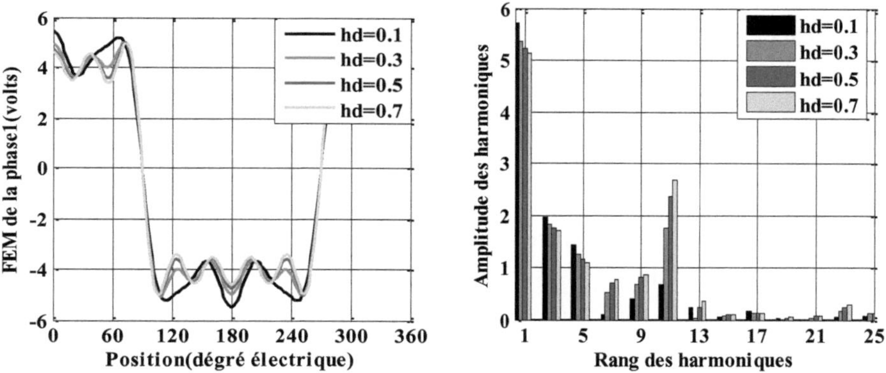


**Figure IV.7 :** Influence de la hauteur de la dent sur la f.é.m. à vide et analyse harmonique

L'observation de la figure précédente montre que la hauteur de la dent influe de façon remarquable sur la forme de la courbe de la f.é.m. à vide ; par ailleurs l'amplitude de celle-ci varie légèrement telle que nous le confirme l'amplitude du fondamental (harmonique de rangs **1**) de l'analyse harmonique de toutes les allures obtenues. Nous allons retenir une hauteur de la dent de **0,5mm** comme sur les plots statorique dans la suite de nos analyses pour la raison que cette valeur influence le moins sur l'allure de la f.é.m. à vide.

## IV.6. Optimisation de la structure de la MSAP à concentration de flux pour la production du couple de détente

La production du couple de détente dans une machine repose sur trois paramètres de l'allure de celui-ci [18].

- La période du couple de détente : celle-ci doit être faible afin d'augmenter la résolution ou de diminuer le degré d'instabilité du rotor de la machine lors de son utilisation dans les applications de positionnement ;
- Le couple de maintien : situé sur la zone de pente négative de l'allure du couple de détente, ce couple correspond à la valeur maximale du couple de charge que la machine est capable de tenir en absence de courant dans les enroulements statoriques. Ce couple doit donc être élevé en fonction de la taille de la machine et des paramètres dimensionnels de celle-ci.
- L'allure du couple de détente : La zone de pente négative de l'allure du couple de détente doit posséder une raideur élevée. Ceci se traduit par la force d'attraction élevée entre les dents statoriques et rotoriques sur cette zone.

Nous avons montré précédemment qu'en choisissant un nombre égale de dents au rotor et au stator, l'amplitude du couple de détente est élevée. Dans cette section, tout en appliquant la relation de l'équation (**IV.1**), nous allons mettre en évidence l'influence du nombre de dents par plot statorique et le ratio angle de la dent par pas dentaire sur la forme, la période et l'amplitude du couple de détente ; ceci afin de retenir quelques uns des paramètres permettant à la machine de générer un couple de détente pouvant servir dans les applications de positionnement.

### IV.6.1. Effet du nombre de dents par plot statorique sur le couple de détente

Les simulations sont faites avec un ratio angle de la dent sur pas dentaire de **0.5** et une hauteur de la dent de **0.5 mm** au rotor et au stator. Nous allons varier le nombre dents par plot statorique de **2** à **5** afin de mettre en évidence l'effet sur la période du couple de détente.

#### IV.6.1.1. Etat magnétique de la machine

Les Figures IV.8 et IV.9 montrent la cartographie des lignes de champ obtenue lors de la simulation pour **4** et **5** dents par plots statoriques. Nous avons également présenté un Zoom sur l'entrefer afin de mettre en évidence le phénomène qui se produit lorsque toutes les dents au rotor sont face aux dents statoriques.

De ces figures, l'on observe l'effet de la saturation magnétique plus accrue au niveau des dents aussi bien au rotor qu'au stator lorsque les dents au rotor sont en face des dents au stator ; ainsi l'induction magnétique est élevée dans les zones de l'entrefer situées entre les dents rotoriques et statoriques. Ces phénomènes amélioreront l'allure du couple de détente produit.

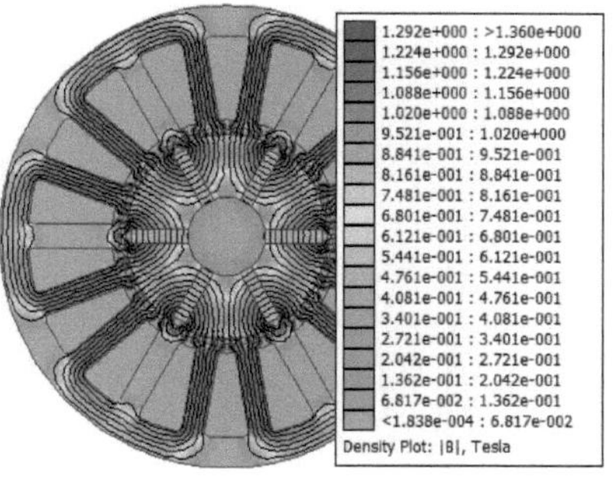


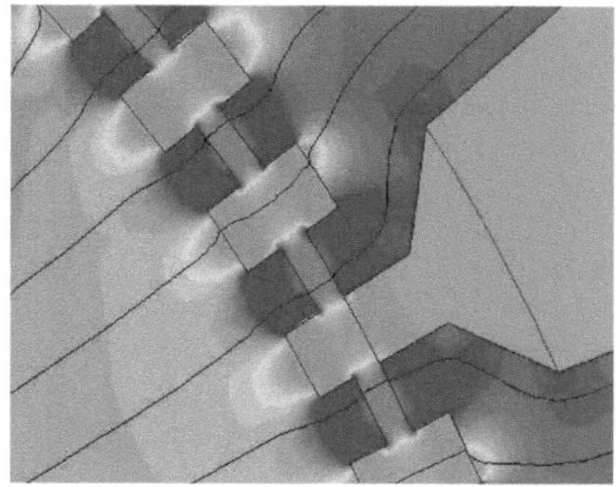

**Figure IV.8 :** Etat magnétique de la machine pour 4 dents au rotor

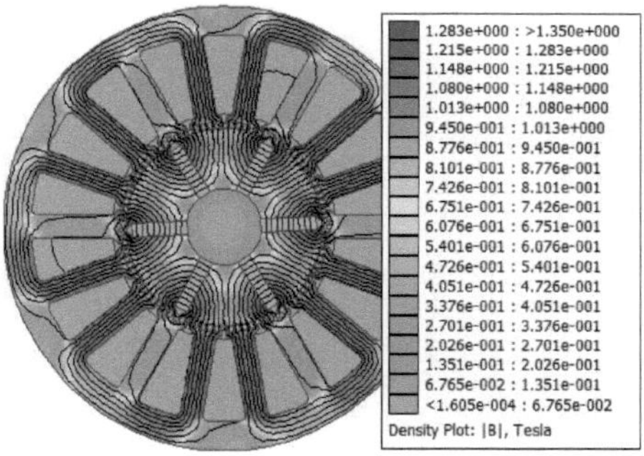


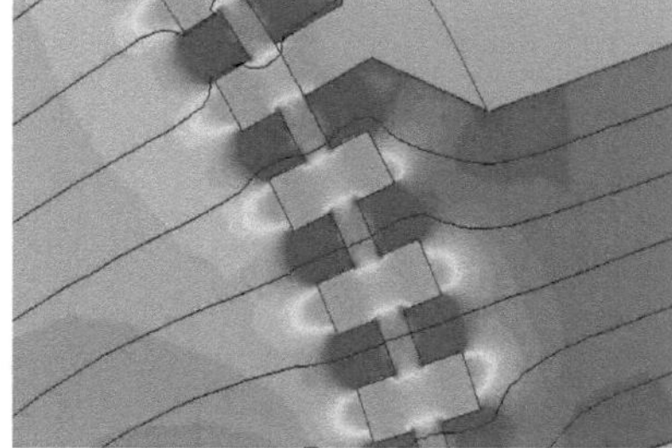

**Figure IV.9 :** Carte magnétique pour 5 dents au rotor

#### IV.6.1.2. Couple de détente obtenu

Les allures du couple de détente obtenues sont présentées à la **Figure IV.10** pour différentes valeurs du nombre dents par plot statorique. Les calculs ont été effectués pour plusieurs valeurs du nombre dents par plot statorique ceci, dans le seul but de déterminer l'influence sur la période du couple de détente. C'est ce qui explique l'absence de certaines allures (**$N_{dps}$**=6, 7, 8, ...).

L'observation de la **Figure IV.10** laisse ressortir une remarque intéressante. En effet, la période du couple de détente diminue avec l'augmentation du nombre de dents par plot statorique ; sa valeur est de **10°** mécanique et de **4°** mécanique respectivement pour **2** dents et **5** dents par plot statorique de la machine étudiée telle que nous le montre la courbe de la **Figure IV.11** représentant la période du couple de détente en fonction du nombre de dents par plot statorique.

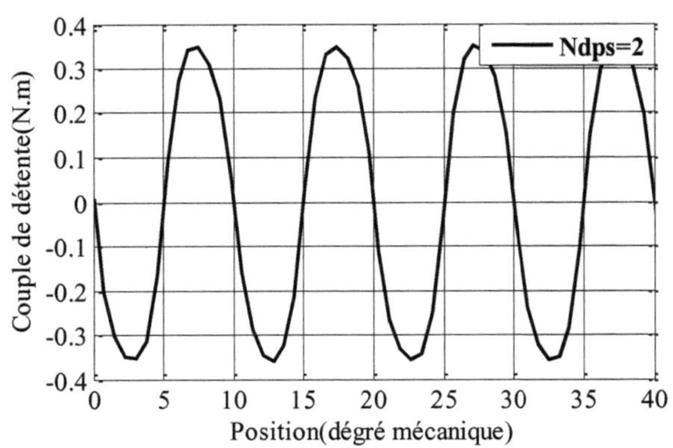
Ndps=2
Couple de détente(N.m)
Position(dégré mécanique)

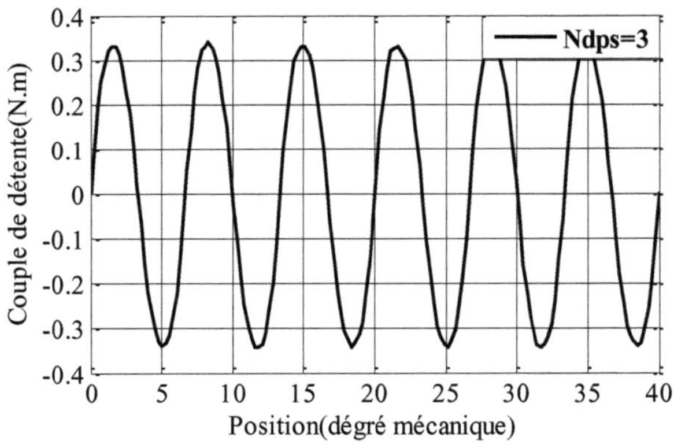
Ndps=3
Couple de détente(N.m)
Position(dégré mécanique)

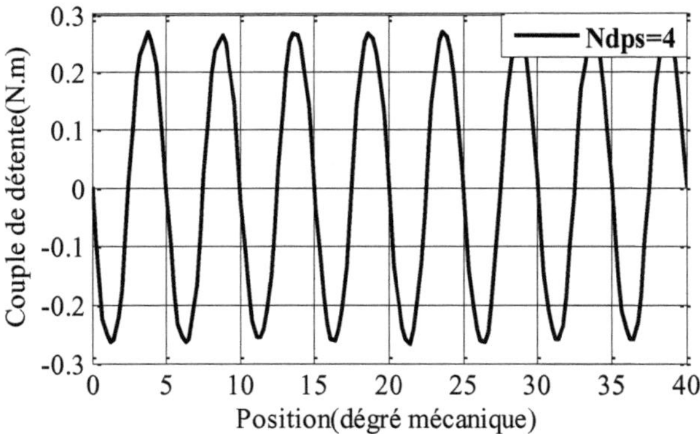
Ndps=4
Couple de détente(N.m)
Position(dégré mécanique)

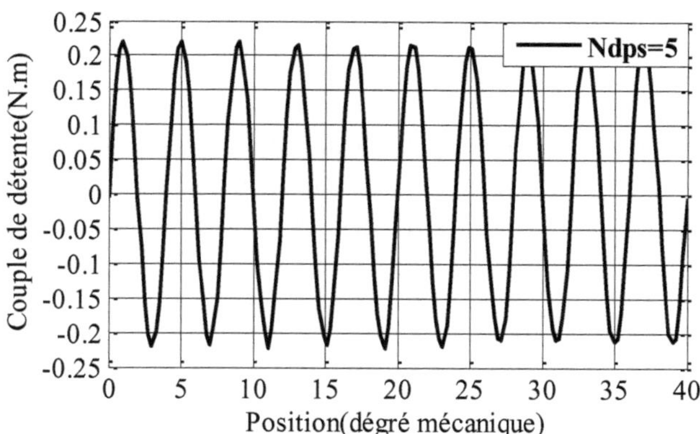


**Figure IV.10 :** Couple de détente en fonction de la position du rotor pour différentes valeurs du nombre de dents par plot statorique

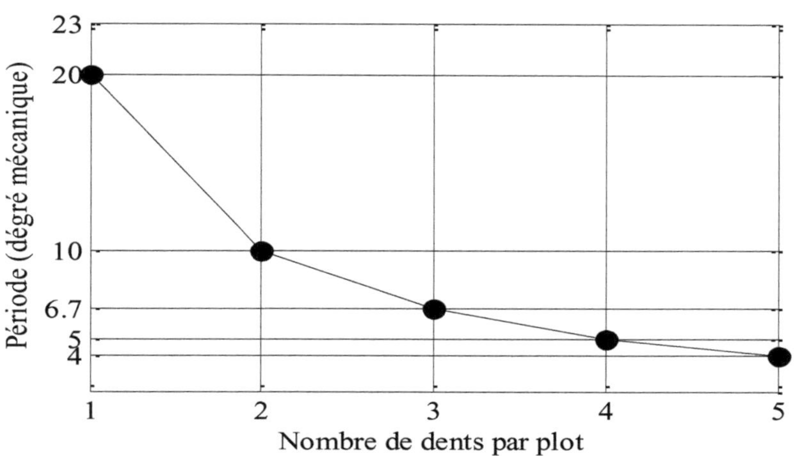


**Figure IV.11 :** Variation de la période du couple de détente en fonction du nombre de dents par plot statorique

De l'allure de la **Figure IV.11**, nous dégageons la remarque suivante : ***le produit de la période du couple de détente par le nombre de dents par plot statorique est constant (20° mécanique) quelque soit le nombre de dents par plot.*** Ceci se traduit par l'équation suivante :

$$\boldsymbol{\theta_{\text{dét}} N_{\text{dps}} = 20^{\circ}_{\text{méc}}} \qquad \textbf{(IV.3)}$$

Avec

$\mathbf{\theta_{dét}}$ : Période du couple de détente (exprimée en degré mécanique ;

$\mathbf{N_{dps}}$ : Nombre  dents par plot statorique.

La valeur $20^{\circ}_{méc}$ correspond à la période du couple de détente de la structure sans dentures de la machine synchrone à aimants permanents à concentration de flux étudiées au chapitre précédent. En effet, cette période est donnée dans ( [27], [14] ) par l'équation :

$$\alpha_{TC} = \frac{180}{pN_p} PGCD(N_p, 2p) \quad \textbf{(IV.4)}$$

Avec

$\alpha_{TC}$ : Période du couple de détente de la structure classique de machine (exprimée en degré mécanique) ;

$\mathbf{N_p}$ : Nombre de plots statorique ;

**p** : Nombre de paires de pôles

Des équations (**IV.3**) et (**IV.4**), nous obtenons une relation entre la période du couple de détente ($\mathbf{\theta_{dét}}$), le nombre de plots statoriques ($\mathbf{N_p}$ ), le nombre de dents par plot statorique ($\mathbf{N_{dps}}$) et le nombre de paires de pôles (**p** ) donnée par :

$$\theta_{dét} = \frac{180}{pN_pN_{dps}} PGCD(N_p, 2p) \quad \textbf{(IV.5)}$$

Nous observons également que l'amplitude du couple de détente diminue lorsque le nombre de dents par plot statorique augmente, ceci est dû au fait que l'entrefer magnétique vu par le stator augmente légèrement par diminution de la largeur de la dent.

#### IV.6.1.3. Allure de la f.é.m. à vide obtenue

L'allure de la f.é.m. à vide obtenue sur une période électrique de la machine pour 4 dents par plot statorique, est donnée à la **Figure IV.12**.

De l'observation de cette allure, nous remarquons l'effet des paramètres utilisés, du fait des ondulations présentes sur la courbe obtenue, telle que nous le montre l'analyse harmonique de la f.é.m. avec la présence des harmoniques de rang **3**, **5**, **7** et **23** dont les amplitudes (en volts) sont non négligeables. Ces harmoniques peuvent être réduites en diminuant l'ouverture entre les plots ; mais cette action entraînera la diminution de l'amplitude du couple de détente.

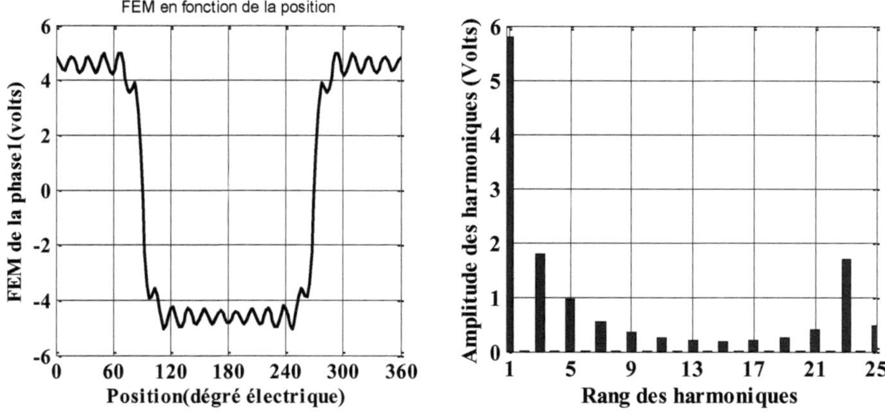


**Figure IV.12 :** Allure de la f.é.m. à vide obtenue et harmoniques pour 4 dents par plot statorique

La machine en question étant destinée aux applications spéciales, à l'exemple de celle de positionnement, cet effet sur la f.é.m. paraît être moins nuisible car cette machine ne serait pas alimentée de façon continu, mais plutôt intermittente en fonction des paramètres à contrôler.

### IV.6.2. Influence du ratio angle de la dent sur pas dentaire

Le nombre de dents par plot statorique est fixé à **4**, ce qui entraîne le placement de **72** dents au rotor par application de la relation (**IV.1**). Nous allons déterminer l'influence du ratio angle de la dent par pas dentaire, sur la forme et l'amplitude du couple de détente généré par la machine.

#### IV.6.2.1. Carte magnétique de la machine

La cartographie des lignes de champ obtenue est donnée à la **Figure IV.13** pour un ratio de **0,3** et **0,6**. L'on observe également l'effet de la saturation au niveau des dentures et par ailleurs l'augmentation de l'induction magnétique dans l'entrefer lorsque la largeur de la dent est faible tel que nous le montre un zoom fait sur celui-ci.

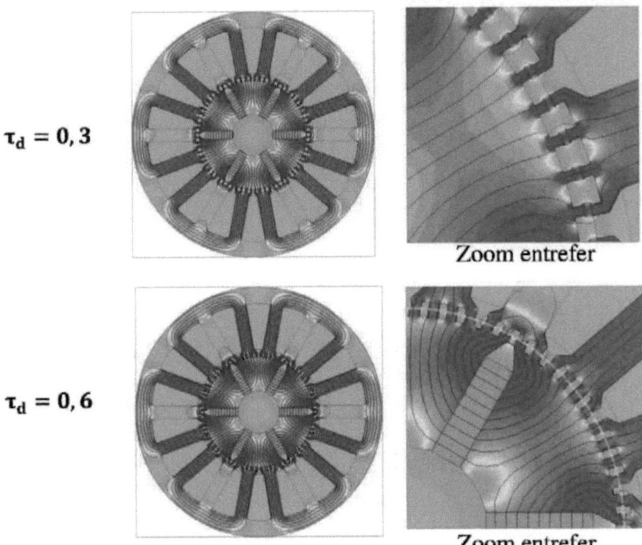


**Figure IV.13 :** Etat magnétique de la machine pour différentes valeurs du ratio angle de la dent sur pas dentaire

### IV.6.2.2. Allure du couple de détente

Les courbes de la **Figure IV.14** présentent les résultats obtenus lors de la simulation.

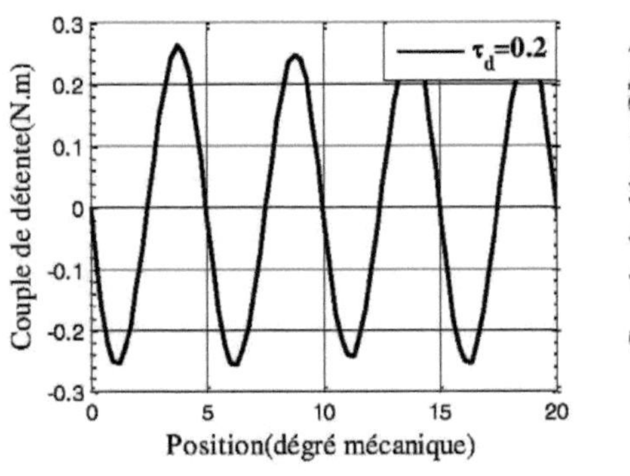


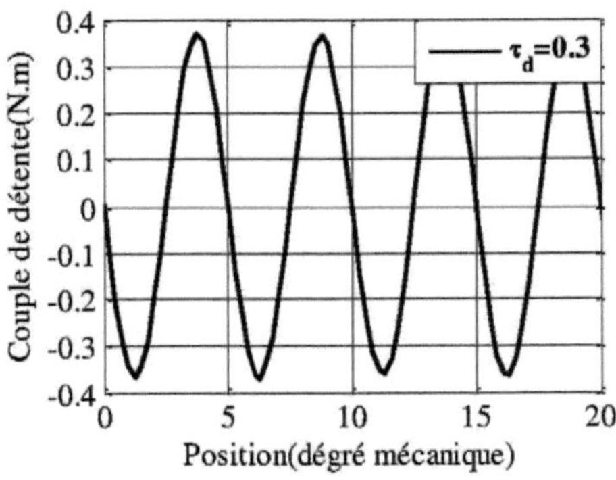

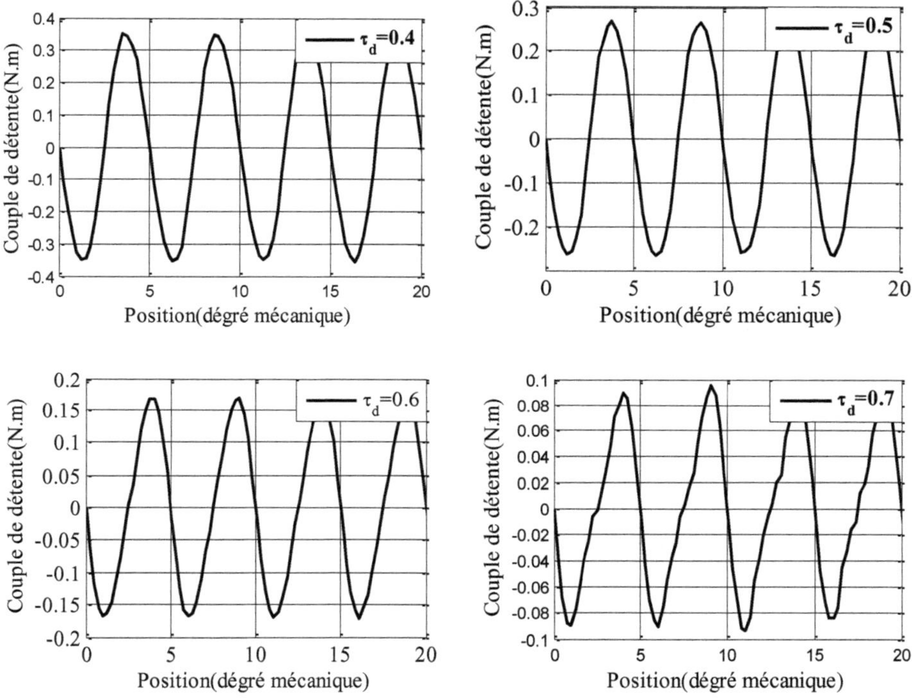


**Figure IV.14 :** Allures du couple de détente pour différentes valeurs de $\boldsymbol{\tau_d}$

Nous remarquons que la forme de l'allure du couple de détente produit et l'amplitude de celui-ci dépendent inévitablement de la valeur du ratio angle de la dent sur pas dentaire au rotor comme au stator, et donc de la largeur de la dent. En effet, pour toutes les valeurs de $\boldsymbol{\tau_d}$ utilisées, les zones d'équilibre stable (zones de pente négative) de l'allure obtenue présentent une raideur élevée bien que l'on remarque les points d'inflexion sur les zones de pente positive pour certaines valeurs.

La période du couple de détente reste inchangée pour toutes les valeurs de $\boldsymbol{\tau_d}$ ; toutefois l'influence est assez remarquable sur l'amplitude de celui-ci, en effet, l'observation de ces figures montre que les valeurs de $\boldsymbol{\tau_d}$ produisant une amplitude élevée et une bonne allure du couple de détente sont **0,3** et **0,4**. Il ressort par ailleurs que pour $\boldsymbol{\tau_d = 0.7}$ le couple de détente produit, bien qu'ayant une faible amplitude présente une raideur élevée au niveau des zones d'équilibres stables (zones de pente négative) par rapport aux autres valeurs. Dans la suite de nos analyses, nous choisissons une valeur de $\boldsymbol{\tau_d = 0,3}$ (puisque l'objectif est d'optimiser la structure de la machine), les deux valeurs donnant une allure du couple de détente presque identique.

### IV.6.3. Structure optimale proposée

Dans cette section, nous proposons une structure optimale de machine synchrone à aimants permanents, avec **5** dents par plot statoriques et donc **90** dents au rotor (par application de la relation **IV.1**) vu la taille assez faible de notre machine. Pour une machine de taille un peu élevé, l'on peut disposer un nombre élevé de dents sur les plots statoriques afin de réduire au maximum la période du couple de détente produit. En effet, de cette période dépend fortement la capacité de la machine à pouvoir tenir une certaine quantité de couple de charge avec une précision élevée, en absence de courant d'alimentation. Pour cette simulation, la hauteur de la dent est fixée à **0.5 mm**.

Par applications de la relation (**IV.5**), nous pouvons prédire le résultat de la période du couple de détente que nous pouvons obtenir de l'analyse de cette machine. Ici, cette période est de **4°** mécanique.

#### IV.6.3.1. Carte magnétique de la machine optimisée

La **Figure IV.15** représente une vue en coupe transversale de la cartographie magnétique de la structure de la machine étudiée pour une position du rotor pour laquelle les dents rotoriques sont face aux dents statoriques.

Nous remarquons que pour cette position du rotor, la saturation magnétique est plus élevée aussi bien sur les dents rotoriques que statoriques ; ce qui augmente le niveau de l'induction magnétique dans les zones de l'entrefer situées entre les dents tel que l'illustre le zoom fait au niveau de l'entrefer.

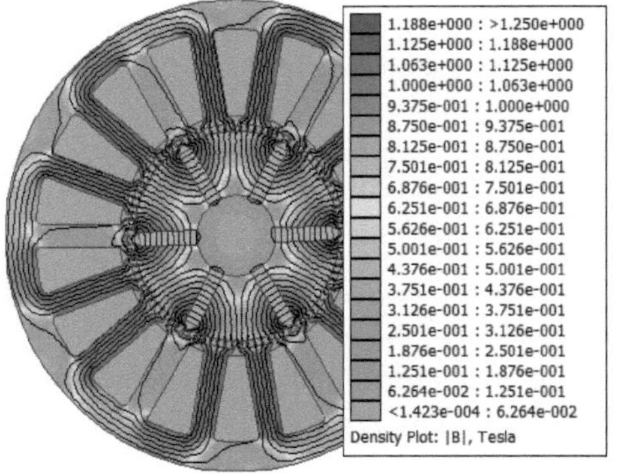

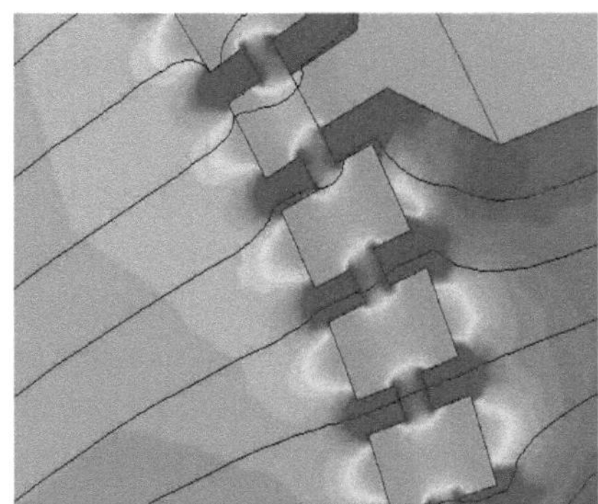

**Figure IV.15 :** Cartographie magnétique de la machine

### IV.6.3.2. Allure du couple de détente

L'allure du couple de détente produit par la machine est donnée à la **Figure IV.16**. Nous remarquons que l'allure obtenue présente une forme assez régulière avec une amplitude d'environ **0,3Nm** et une période de **4° mécanique** (correspondant à l'écart de déséquilibre à envisager lors du positionnement d'une charge). Cette valeur de la période obtenue correspond bien à celle obtenue de façon analytique, ceci permet donc de valider l'équation proposée à la relation (**IV.5**)

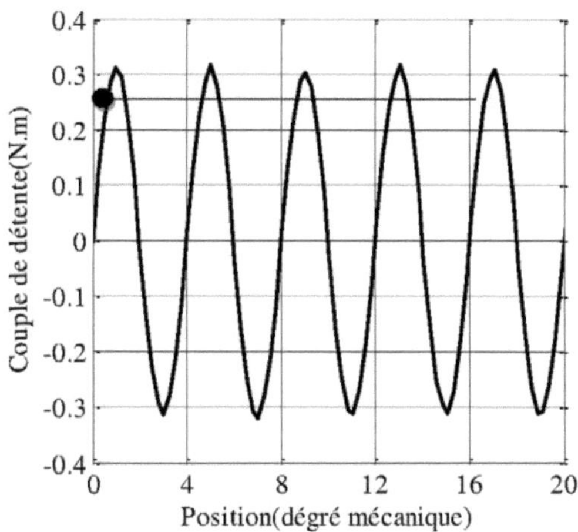


**Figure IV.16 :** allure du couple de détente produit

Au niveau du couple de maintien, l'on lit une valeur d'environ **0,28 Nm** correspondant à la valeur du couple de charge que la machine est capable de tenir en absence de courant dans les enroulements statoriques.

Cette machine proposée est destinée aux applications de positionnement, applications dans lesquelles la machine n'est pas sollicitée de façon continue. Son utilisation dans les applications autres que celles de positionnement requiert un système de ventilation pour l'évacuation de la chaleur dégagée due à la présence des ondulations sur l'allure de la f.é.m. à vide produite.

## IV.7. Conclusion

Dans ce chapitre, nous avons présenté les allures de quelques paramètres électromagnétiques obtenus de l'étude paramétrique de la machine synchrone à aimants permanents à concentration de flux à double saillance. Après plusieurs combinaisons des paramètres tels que le nombre de dents au rotor, le ratio angle de la dent sur pas dentaire et la hauteur de la dent, nous avons proposé quelques conditions permettant de produire un couple de détente pouvant être utile dans les applications en absence du courant d'alimentation. Ainsi, l'application de ces conditions, nous a permis de proposer une structure géométrique de machine synchrone à aimants permanents à concentration de flux permettant de produire un couple de détente important en amplitude, en forme et en période afin de pouvoir servir dans les applications de positionnement en absence de courant d'alimentation.

# CONCLUSION GENERALE ET PERSPECTIVES

Les exigences de plus en plus pointues de la technologie ont fortement poussé à l'utilisation des machines synchrones à aimants permanents, plus particulièrement dans les applications industrielles exigeantes en encombrement et en puissance. Les performances de ces structures de machines peuvent être accrues en élaborant des modèles d'étude représentant le plus fidèlement possible le comportement dynamique de celles-ci.

Le développement et la vulgarisation de l'outil informatique sont parmi les raisons majeures qui ont projeté les méthodes numériques au devant de la modélisation. L'une des méthodes utilisées à cette fin est la méthode des éléments finis ; c'est une méthode puissante permettant d'intégrer pratiquement tous les phénomènes inhérents au fonctionnement de ces machines tels, le mouvement et la saturation magnétique des matériaux.

L'objectif principal du travail élaboré dans ce document était la détermination d'une structure adéquate de machine synchrone à aimants permanents pouvant supporter une certaine quantité de charge en absence de courant dans les enroulements statoriques. Pour cet objectif, nous avons fait appel à l'approche des éléments finis via un logiciel de calcul de champ FEMM, afin de déterminer les paramètres électromagnétiques régissant le fonctionnement de la machine.

Dans le premier chapitre, nous avons donné les généralités sur les machines synchrones à aimant permanents en présentant les différents types d'aimants permanents et leurs caractéristiques, ainsi que les différentes structures de ces machines rencontrées. Nous avons également explicité le principe de fonctionnement de la machine synchrone à aimants permanents en mettant un accent sur la création d'un champ tournant par les courants d'alimentation statorique.

Dans le second chapitre, nous avons fait une présentation brève de la méthode des éléments finis. Nous avons également présenté les différentes structures classiques de machine synchrone à aimants permanents à flux radial étudiées dans le but de justifier plus loin notre choix sur une structure donnée de machine; celles-ci ont été modélisées via le logiciel FEMM utilisé par ailleurs pour la discrétisation éléments finis et la résolution des équations de champ électromagnétiques issues des équations de MAXWELL.

Dans le troisième chapitre, nous avons présenté quelques résultats issus de la simulation des structures classiques de machine synchrone à aimants permanents afin de justifier notre choix sur une structure donnée. Il ressort que la machine synchrone à aimants permanents à concentration de flux est celle la plus favorable à la production du couple de détente. Nous avons réalisé des dents sur le rotor et les plots statoriques de cette machine en vue d'une optimisation.

Dans le quatrième chapitre, nous avons présenté les résultats obtenus des simulations d'une structure spéciale de machine synchrone à aimants permanents à concentration de flux avec dentures. Les études ont été plus accentuées; ce qui nous a conduit à établir quelques conditions sur le choix du nombre de dents au rotor et au stator, le ratio angle de la dent sur pas dentaire statorique et rotorique et la hauteur de la dent afin de produire un couple de détente capable de servir dans les applications de positionnement.

La réalisation des dents au rotor et au stator nous a permis d'obtenir des résultats satisfaisants en terme de couple de détente non seulement par rapport à l'amplitude de celui-ci (environ **20** fois plus que celui obtenu pour la même machine à structure classique), mais aussi par rapport à sa forme et sa période (variable en fonction du nombre de dents fixé au rotor, le nombre de dents par plot statorique, le nombre de plots statoriques et le nombre de paires de pôles au rotor). Néanmoins, l'augmentation du couple de détente induits les ondulations très remarquables sur l'allure de la f.é.m. à vide ; celles-ci peuvent toutefois être réduites en agissant sur la hauteur de la dent ou sur l'épaisseur de l'entrefer de la machine lors de la construction, ceci induira par ailleurs une diminution de l'amplitude du couple de détente. La machine en question étant destinée aux applications de positionnement (applications dans laquelle l'alimentation de la machine n'est pas continue, mais intermittente en fonction des paramètres à contrôler), la présence des ondulations sur la f.é.m. présentera un effet négligeable lors du fonctionnement de la machine.

En perspective à ce travail, l'approche de la production du couple de détente utilisée pourrait être étendue à l'analyse 3D afin d'améliorer la précision des résultats obtenus en tenant compte des effets de bords; nous proposons également la commande en position de cette machine obtenue afin de mettre en évidence l'effet du couple de détente produit.

# REFERENCES BIBLIOGRAPHIQUES


[1] J. Azzouzi, «Contribution à la modélisation et à l'optimisation des machines synchrones à aimants permanents à flux axial: Applications au cas de l'aérogénérateur,» *Thèse de Doctorat de Genie Electrique Université du Havre* , 2007.

[2] N.Sadowski, «Electromagnetic Modeling by finite elements methods,» *Library of Congress Cataloguing in publication,* 2003.

[3] O. Antunes, «Using High-order finite elements in problem with movement,» *IEEE transactions on Magnetics,* vol. 40.NO.2, pp. 529-532, March 2004.

[4] M.Rachtek, «3-D Simulation techiniques using FE methods: Application to eddy current no-destructive testing,» *NDT&E International,* pp. 35-42, 2007.

[5] Z.Shoujun, «Finte element method based on equivalent magnet enrgy method for computation of 2D nonlinear current field,» *Journal of Shangai University,* December 1997.

[6] M. Jabbar, «Modeling and simulation of brushless permanent magnet DC motor in dynamic conditions by time stepping technique,» *IEEE Transctions on industry applications,* pp. 763-770, May/June 2004.

[7] S.Kanerva, «Inductance model for coupling finite elements analysis with circuit simulation,» *IEEE transactions on magnetics,* pp. 1620-1623.

[8] R. Kechroud, «Contribution à la modélisation des machines électriques par la méthode des élements finis associées aux multiplicateurs de Lagrange,» *Thèse de doctorat ENP d'Alger,* 2002.

[9] N. Levin, «Methods to reduce the cogging torque in permanent magnet synchronous machines,» *ELEKTRONIKA ELEKTROTECHNIKA,* vol. 19, 2013.

[10] H.-. C. Yu, «A dual notched desing of radial-flux parmanent magnet motors with low cogging torque and rare earth material,» *IEEE TRANSACTIONS ON MAGNETICS,* vol. 50.NO.11, November 2014.

[11] N. Bianchi, «Design techniques for reducing the cogging torque in surface-mounted PM Motors,» *IEEE TRANSACTIONS ON INDUSTRY APPLICATIONS,* vol. 38. NO.5, SEPTEMBER/NOVEMBER 2002.

[12] S.Shofield, «Reduction of cogging torque in interior-magnet brushless machines,» *IEEE Transactions on magnetics,* pp. 3238-3240, 2003.

[13] J. F. Gieras, «Anatycal approach to cogging torque caculation of PM brusless Motors,» *IEEE TRANSACTIONS ON INDUSTRY APPLICATIONS,* vol. 40. NO.5, September/october

2004.

[14] P. Garcia, «Influence of constructive parameters on the cogging torque in PMSMs,» *Department of Electrical Engineering University of Basque Country,2010.*

[15] Z. H. Zhu, «Influence of design parameters on cogging torque in permanent magnet machines,» *IEEE Tansactions on Energy Conversion,* pp. 407-412, 2000.

[16] T. Tudorache, «Finite elements analysis of cogging torque in low speed permanent magnets wind genrators,» *University of POLITEHNICA of Bucharest electrical engineering Faculty(Romania).*

[17] R.Lateb, «Modélisation des machines asynchrones et synchrones à aimants permanents avec prise en compte des harmoniques d'espaces et de temps: applications à la propulsion marine par POD,» *Thèse de Doctorat de l'INPL(Institut National Polytechnique de Lorraine,* Octobre 2006.

[18] E. FANKEM, «Etude de différentes structures d'actionneurs de positionnement Pour l'aéronautique,» *Thèse de Doctorat de L'UNIVERSITE DE LORRAINE,* Novembre 2012.

[19] W. Chu, «On-Load Cogging Torque Calculation in Permanent Magnet Machines,» *IEEE TRANSACTIONS ON MAGNETICS,* vol. .49, n°1.6, JUNE 2013.

[20] B. Boussad, «Contribution à la modélisation des systèmes couplés machines-convertisseurs:Application aux machines à aimants permanents (BDCM-PMSM),» *Thèse de Doctorat Université Mouloud Mammeri de TIZI-OUZOU,* Février 2012.

[21] O. MOHAMMED, «Elaboration d'un modèle d'étude en regime dynamique de la machine synchrone à aimants permanents,» *Memoire de Magister Unversité Mouloud Mammeri de TIZI-OUZOU,* Avril 2011.

[22] M. Khov, «Surveillance et diagnostic des machines synchrones à aimants permanents: Détection des courts-circuits par suivi paramétrique,» *Thèse de Doctorat de l'Institut National Polytechnique de Toulouse,* Décembre 2009.

[23] N. Bernard, «Machine synchrone: de la boucle ouverte à l'autopilotage,» *Revue 3EI Ecole Normale Supérieure de Cachan Campus Ker Lann,* Septembre 2002.

[24] R.Saou, «Modélisation et optimisation de machines lentes à aimants permanents: Machine à double saillance et à inversion de flux,» *Thèse de Doctorat d'état ENP d-Alger.*

[25] E. Carrilo, «Modeling and simulation of permanent magnet synchronous motor drive system,» *Master thesis University of Puerto Rico,* 2006.

[26] J. Saint-Michel, «Bobinage des machines tournantes à courant alternatif,» *Techniques de l'ingénieur, D3 420,* 2001.

[27] B. ASLAN, «Conception de machines polyphasées à aimants et bobinage concentré à pas fractionnaires avec large plage de vitesse,» *Thèse de doctorat de l'INSTITUT DES SCIENCES ET TECHNOLOGIES,* Octobre 2013.

[28] J.Faiz, «Time Stepping Finite ELement Analysis of BrokenBars Fault In A Three-Phase Squirrel-Cage induction Motor,» *Pogress In Electromagnetics Research,* pp. 53-70, 2007.

[29] H. Wong, «Performance Analysis of Brushless DC Motors Including Features of the control Loop in the Finite Element Modeling,» *IEEE Tansactions On Magnetics,* pp. 3370-3374, September 2001.

[30] M. Rachek, «Modélisation par éléments finis de système électromagnétique en mouvement des structures tridimentionnelles: Application au couplage magnétique-mécanique et au contrôle non destructif par courant de Foucault,» *Thèse de Doctorat UMMTO,* 2007.

[31] E. Chauveau, «Contribution au calcul électromagnétique et thermiques des machines électriques: Application à l'étude de l'influence des harmoniqus sur l'échauffemnt des moteurs asynchrones,» *Thèse de Doctorat de l'université de Nantes,* 2001.

[32] M. Saduki, «A simple introduction to finite element analysis of electromagnetic problems,» *IEEE Transactions on education,* May 1989.

[33] J. Charpentier, «Modélisation des ensembles convertisseurs statiques-machines électriques par couplage des équations du champ électromagnétique et du circuit électrique,» Thèse de Doctorat, Institut National Polytechnique de Toulouse, 1996.

[34] Y. Lefèvre, *Modélisation par la méthode des éléments finis des phénomènes physiques dans les machines électriques en vue de leur conception,* Institut National Polytechnique de Toulouse: Habilitation à Diriger les Recherches, 1997.

[35] T.M.Jahns, «Pulsating Torque Minimization Techniaques for Permanent Magnet AC motor Drives,» *IEEE Trans.In.Electron,* vol. 43, April 1996.

[36] L. Petkovska, «Control simulation and optimisation in permanent magnet synchronous motor,» *Stokholm Power Tech Conference,* June 1995.

[37] S. Prina, «The design and analysis of Brushless Dc Motors Having Smooth Rotor Back Iron,» *IMCSD,* 1990.

[38] B. Frenzel, «Torque calculation of small Brushless DC Motors Using FEM,» *ISEM98,* September 1998.

## Annexe A Dimensions géométriques et tableau récapitulatif des simulations des structures dentées de MSAP réalisées

Les dimensions géométriques utilisées pour l'analyse des différentes structures classiques de machines synchrones à aimants permanents à flux radial sont données dans le tableau ci-dessous :

**Tableau Annexe A.1 :** Dimensions géométriques des MSAP à structures classiques

| | **MSAP montés en surface** | **MSAP enterrés** | **MSAP à concentration de flux** |
|---|---|---|---|
| $D_{ext}$**(mm)** | 88 | 88 | 88 |
| $L_u$**(mm)** | 80 | 80 | 80 |
| **e (mm)** | 0.35 | 0.35 | 0.35 |
| $e_{aim}$**(mm)** | 2.5 | 2.5 | 3 |
| $H_{ep}$**(mm)** | 1.5 | 1.5 | 1.5 |
| $R_i$**(mm)** | 8 | 8 | 8 |
| $R_r$**(mm)** | 20 | 20 | 20 |
| $l_p$**(mm)** | 4.5 | 4.5 | 4.5 |
| $N_p$ | 18 | 18 | 18 |
| $N_a$ | 6 | 6 | 6 |
| $e_{cs}$**(mm)** | 4.5 | 5.4 | 4.5 |
| $N_s$**(par encoche)** | 25 | 25 | 25 |
| $h_{aim}$**(mm)** | - | - | 10 |
| **Coef_aim (%)** | 65 | 90 | - |
| **Coef_p (%)** | 85 | 85 | 85 |

La récapitulation des amplitudes du couple de détente obtenu lors des simulations sont données dans le tableau ci-dessous.

**Tableau Annexe A.2 :** Récapitulation des amplitudes du couple de détente pour la MSAP à concentration de flux avec denture

| | | **MSAP à concentration de flux avec dentures** |
|---|---|---|
| | | **Couple de détente (N.m)** |
| $N_{dr}$ | **18** | 0.08 |
| | **24** | 0.05 |
| | **30** | 0.03 |
| | **36** | 0.35 |
| | **42** | 0.03 |
| | **48** | 0.03 |
| | **54** | 0.09 |
| $\tau_d$ | **0.1** | 0.15 |
| | **0.2** | 0.31 |
| | **0.3** | 0.45 |
| | **0.4** | 0.44 |
| | **0.5** | 0.35 |
| | **0.6** | 0.26 |
| | **0.7** | 0.19 |
| $h_d$ | **0.1** | 0.12 |
| | **0.2** | 0.2 |
| | **0.3** | 0.25 |
| | **0.4** | 0.31 |
| | **0.5** | 0.35 |
| | **0.6** | 0.37 |
| | **0.7** | 0.38 |

# Annexe B Maillages des structures de MSAP étudiées

Le maillage effectué sur une coupe transversale de la machine synchrone à aimants permanents enterrés et celle à concentration de flux sont données sur les figures suivantes. Un zoom a été fait au niveau de l'entrefer de ceux-ci afin de mettre en évidence l'affinement du maillage réalisé à ce niveau.

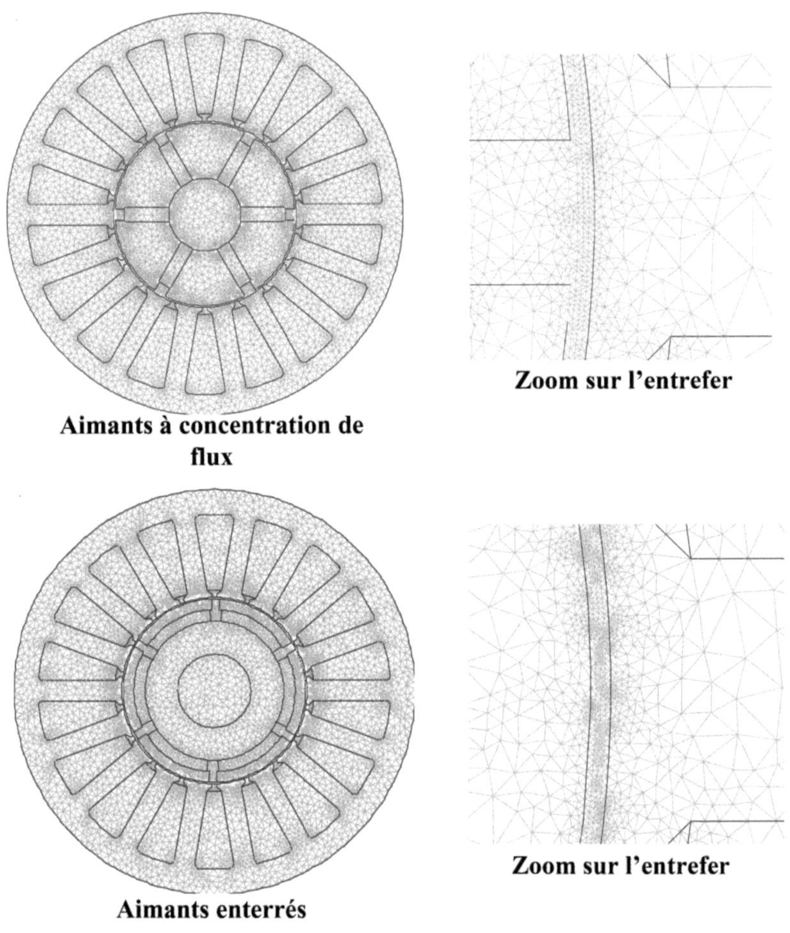


**Figure Annexe B.1 :** Maillage des structures classiques de machine synchrone à aimants permanent

## Annexe C Transformation de Fourier

Toute fonction périodique est décomposable en série de Fourier. Soit $v(t)$ une fonction périodique de période T telle que $v(t) = v(t+T)$ ; $f = \frac{1}{T}$ est la fréquence à laquelle correspond la pulsation $\omega = 2\pi f$. La fonction peut être décomposable de la façon suivante :

$$v(t) = A_0 + \sum_{n=1}^{\infty} (A_n^* \cos(nt) + B_n^* \sin(nt))$$

$$= A_0 + \sum_{n=1}^{\infty} C_n \sin(nt + \varphi_n)$$

$A_0$ : Composante continue de la fonction $v(t)$ ; c'est la valeur moyenne du signal pendant une période entière.

Les coefficientss $A_0$, $A_n$ et $B_n$ sont données par les relations :

$$A_0 = \frac{1}{T}\int_0^T v(t)dt$$

$$A_n = \frac{2}{T}\int_0^T v(t)\cos(nt)dt$$

$$B_n = \frac{2}{T}\int_0^T v(t)\sin(nt)dt$$

L'amplitude de l'harmonique de rang n est donnée par la relation :

$$C_n = \sqrt{A_n^2 + B_n^2}$$

Printed by Books on Demand GmbH, Norderstedt / Germany